高等职业教育装配式建筑"十四五"系列教材

装配式

混凝土结构工程

主　编　田春鹏

副主编　马雪晴　王胜男　徐明刚　程素丽

主　审　刘　萍

华中科技大学出版社

http://www.hustp.com

中国·武汉

内 容 提 要

为适应建筑业经济结构的转型升级、供给侧改革及行业发展趋势,针对装配式建筑领域应用技术技能型人才培养的需求,本书较为系统地介绍了装配式混凝土结构的制作与安装。

全书共分为7个项目:项目1为结论,主要讲述装配式混凝土结构的概念、分类、主要生产环节和建筑产业化等基本知识;项目2为预制混凝土构件、配件及连接技术,主要讲述了装配式混凝土结构中的常规预制混凝土构件、配件和比较成熟的构件连接技术;项目3为装配式混凝土建筑设计技术,主要介绍了建筑设计、结构设计、设备及管线设计、内装系统设计和深化设计中的设计规则和设计要点;项目4为装配式混凝土结构预制构件制作,介绍了典型预制构件的生产过程,包含生产设备调试、模具准备、预制构件制作、预制构件运输、预制构件堆放的整个生产过程;项目5为装配式混凝土结构施工,主要介绍了典型预制构件现场吊装准备、施工流程及施工注意要点;项目6为装配式混凝土结构质量控制与验收,介绍了装配式混凝土结构在生产、结构施工等环节的质量验收要求;项目7为装配式混凝土结构安全与文明施工,主要介绍了高处作业防护、临时用电安全、起重吊装安全、现场防火和文明施工等相关内容。

本书以就业为导向,内容通俗易懂,文字规范简练,全书图文并茂,突出了实用性及实践性的特点。本书可作为高等职业教育土建类专业的教学用书,也可作为建筑施工技术人员的学习参考书。

为了方便教学,本书还配有电子课件等教学资源包,任课教师可以发邮件至 husttujian@163.com 索取。

图书在版编目(CIP)数据

装配式混凝土结构工程/田春鹏主编. —武汉:华中科技大学出版社,2020.7(2024.1重印)
ISBN 978-7-5680-6369-2

Ⅰ.①装… Ⅱ.①田… Ⅲ.①装配式混凝土结构 Ⅳ.①TU37

中国版本图书馆 CIP 数据核字(2020)第 124277 号

装配式混凝土结构工程
Zhuangpeishi Hunningtu Jiegou Gongcheng

田春鹏　主编

策划编辑:康　序
责任编辑:狄宝珠
责任监印:朱　玢
出版发行:华中科技大学出版社(中国·武汉)　　电话:(027)81321913
　　　　　武汉市东湖新技术开发区华工科技园　　邮编:430223
录　　排:武汉三月禾文化传播有限公司
印　　刷:武汉洪林印务有限公司
开　　本:787mm×1092mm　1/16
印　　张:12.75
字　　数:323千字
版　　次:2024 年 1 月第 1 版第 2 次印刷
定　　价:48.00 元

前言 PREFACE

随着装配式建筑工程规模的逐渐增大,从事装配式建筑研发、设计、生产、施工和管理等环节的从业人员,无论是数量还是素质均已经无法满足装配式建筑市场的需求。据统计,我国建筑工业化专业技术人才的缺口已近百万。截至目前,在高等院校、职业院校的培养教育方面,建筑工业化发展所需后备人才仍是空白,主要体现在装配式建筑的设计技术体系还不够完善,装配式建筑的技术体系还不够先进,装配式建筑的成本还略显偏高,装配式建筑的体制机制还不够健全,装配式建筑的舆论宣传还不够全面准确,建筑工业化的行业队伍水平还有待提升。

为适应建筑业经济结构的转型升级、供给侧改革及行业发展趋势,针对装配式建筑领域应用技术技能型人才培养的需求,本书较为系统地介绍了装配式混凝土结构的制作与安装。全书共分为 7 个项目:项目 1 为绪论,主要讲述装配式混凝土结构的概念、分类、主要生产环节和建筑产业化等基本知识;项目 2 为预制混凝土构件、配件及连接技术,主要讲述了装配式混凝土结构中的常规预制混凝土构件、配件和比较成熟的构件连接技术;项目 3 为装配式混凝土建筑设计技术,主要介绍了建筑设计、结构设计、设备及管线设计、内装系统设计和深化设计中的设计规则和设计要点;项目 4 为装配式混凝土结构预制,介绍了典型预制构件的生产过程,包含生产设备调试、模具准备、预制构件制作、预制构件运输、预制构件堆放的整个生产过程;项目 5 为装配式混凝土结构施工,主要介绍了典型预制构件现场吊装准备、施工流程及施工注意要点;项目 6 为装配式混凝土结构质量控制与验收,介绍了装配式混凝土结构在生产、结构施工等环节的质量验收要求;项目 7 为装配式混凝土建筑安全与文明施工,主要介绍了高处作业防护、临时用电安全、起重吊装安全、现场防火和文明施工等相关内容。

本书由辽宁建筑职业学院田春鹏任主编并统稿,由阜阳职业技术学院马雪晴、天津城市建设管理职业技术学院王胜男、南京高等职业技术学校徐明刚、山西省工程职业技术学校程素丽担任副主编。

本书由辽宁建筑职业学院刘萍教授担任评审。

本书以就业为导向,内容通俗易懂,文字规范简练,全书图文并茂,突出了实用性及实践性的特点。本书强调高职高专的应用技能型教育,注重培养应用型人才,具有较强的针对性、实用性和通用性,可作为高等职业教育土建类专业的教学用书,也可作为建筑施工技术人员的学习参考书。

为了方便教学,本书还配有电子课件等教学资源包,任课教师可以发邮件至 husttujian@163.com 索取。

本书在编写过程中,参考了大量的文献资料、同类教材和经典案例,已在参考文献中注明,在此一并向原作者表示感谢。由于编者的水平有限,书中难免有疏漏、不足之处,恳请读者批评指正。

编 者

2024 年 1 月

目录 CONTENTS

Chapter 1

项目 1 绪　　论

随着我国经济社会发展的转型升级,特别是城镇化战略的加速推进,建筑业在改善人民居住环境、提升生活质量中的地位日益凸显。但遗憾的是,目前我国传统的"粗放"建造模式仍较普遍。一方面,生态环境遭到严重破坏,资源能源低效利用;另一方面,建筑安全事故高发,建筑质量亦难以保障。因此,传统的工程建设模式亟待转型。

装配式混凝土建筑是以工厂化生产的混凝土预制构件为主,通过现场装配的方式设计建造的房屋建筑。其具有提高质量、缩短工期、节约能源、减少消耗、清洁生产等许多优点。

与传统现浇混凝土结构相比从设计到施工差异较大,现浇混凝土施工流程从项目立项到建筑验收使用,整体流程基本为单线,且经过各单位多年实践对于项目组织管理已较为清晰。装配式建筑建设流程与现浇混凝土结构相比,其建设流程更全面、更精细、更综合,增加了技术策划、工厂生产、一体化装修等过程。且在方案设计阶段之前增加了前期技术策划环节,以配合预制构件的生产加工需求来对预制构件加工图进行设计,对各参与单位的技术水平、生产工艺、生产能力、运输条件、管理水平等提出了更高的要求。需建设、设计、生产、施工和管理等单位精心配合、协同工作。

1.1 装配式混凝土结构概述

装配式混凝土建筑是以工厂化生产的混凝土预制构件为主,通过现场装配的方式设计建造的混凝土结构类房屋建筑。其具有提高质量、缩短工期、节约能源、减少消耗、清洁生产等许多优点,是日本、欧洲等发达国家建筑工业化最重要的方式。目前,随着我国经济快速发展,建筑业和其他行业一样都在进行工业化技术改造,预制装配式混凝土建筑开始焕发出新的生机。

1.1.1 装配式混凝土结构的概念

装配式混凝土结构是由预制混凝土构件通过可靠的连接方式装配而成的混凝土结构,包括装配整体式混凝土结构、全装配混凝土结构等。

装配整体式混凝土结构由预制混凝土构件通过可靠的连接方式进行连接并与现场后浇混凝土、水泥基灌浆料形成整体的装配式混凝土结构。根据我国目前的研究工作水平和工程实践经验,对于高层混凝土建筑我国目前主要采用的就是装配整体式混凝土结构,其他建筑也是以装配整体式混凝土结构为主。

全装配混凝土结构是由预制混凝土构件通过干法连接(如螺栓连接、焊接)形成整体。此结构的总体刚度与现浇混凝土结构相比会有所降低。

装配式混凝土结构适用于住宅建筑和公共建筑。

1.1.2　装配式混凝土结构的分类

1.装配整体式混凝土框架结构

装配整体式混凝土框架结构是指全部或部分框架梁、柱采用预制构件建成的装配整体式混凝土结构,简称装配整体式框架结构,如图1-1所示。

图1-1　装配整体式混凝土框架结构

装配整体式框架结构是常见的结构体系,主要应用于空间要求较大的建筑,如商店、学校、医院等。其传力途径为:楼板→次梁→主梁→柱→基础→地基,结构传力合理,抗震性能好。框架结构的主要受力构件梁、柱、楼板及非受力构件墙体、外装饰等均可预制。预制构件种类一般有全预制柱、全预制梁、叠合梁、预制板、叠合板、预制外挂墙板、全预制女儿墙等。全预制柱的竖向连接一般采用灌浆套筒逐根连接。

装配整体式框架结构的技术特点是预制构件标准化程度高,构件种类较少,各类构件重量差异较小,起重机械性能利用充分,技术经济合理性较高;建筑物拼装节点标准化程度高,有利于提高工效;钢筋连接及锚固可全部采用统一形式,机械化施工程度高、质量可靠、结构安全、现场环保等。难点是节点钢筋密度大,要求加工精度高,操作难度较大。

框架结构建筑平面布置灵活,造价低,使用范围广,在低多层住宅和公共建筑中得到了广泛的应用。装配整体式混凝土框架结构继承了传统框架结构的以上优点。根据国内外多年的研究成果,在地震区的装配整体式框架结构,当采用了可靠的节点连接方式和合理的构造措施后,其性能可等同于现浇混凝土框架结构。因此,对装配整体式框架结构,当节点及接缝采用适当的构造并满足相关要求时,可认为其性能与现浇结构基本一致。

2.装配整体式混凝土剪力墙结构

装配整体式混凝土剪力墙结构是指全部或部分剪力墙采用预制墙板构建成的装配整体式混凝土结构,简称装配整体式剪力墙结构,如图1-2所示。

装配整体式剪力墙结构是住宅建筑中常见的结构体系,其传力途径为:楼板→剪力墙→基础

图1-2 装配整体式混凝土剪力墙结构

→地基,采用剪力墙结构的建筑物室内无凸出于墙面的梁、柱等结构构件,室内空间规整。剪力墙结构的主要受力构件剪力墙、楼板及非受力构件墙体、外装饰等均可预制。预制构件种类一般有预制围护构件(包含全预制剪力墙、单层叠合剪力墙、双层叠合剪力墙、预制混凝土夹芯保温外墙板、预制叠合保温外墙板、预制围护墙板)、预制剪力墙内墙、全预制梁、叠合梁、全预制板、叠合板、全预制阳台板、叠合阳台板、预制飘窗、全预制空调板、全预制楼梯、全预制女儿墙等。其中,预制剪力墙的竖向连接可采用螺栓连接、钢筋套筒灌浆连接、钢筋浆锚搭接连接;预制围护墙板的竖向连接一般采用螺纹盲孔灌浆连接。

装配整体式剪力墙结构的技术特点是预制构件标准化程度较高,预制墙体构件、楼板构件均为平面构件,生产、运输效率较高;竖向连接方式采用螺栓连接、套筒灌浆连接、浆锚搭接等连接技术;水平连接节点部位后浇混凝土;预制剪力墙T形、十字形连接节点钢筋密度大,操作难度较高。

我国新型的装配式混凝土建筑是从住宅建筑发展起来的,而高层住宅建筑绝大多数采用剪力墙结构。因此,装配整体式混凝土剪力墙结构在国内发展迅速,得到大量的应用。

装配整体式混凝土剪力墙结构中,墙体之间的接缝数量多且构造复杂,接缝的构造措施及施工质量对结构整体的抗震性能影响较大,使装配式剪力墙结构抗震性能很难完全等同于现浇结构。世界各地对装配式剪力墙结构的研究少于装配式框架结构的研究,因此我国目前对装配整体式混凝土剪力墙结构采用从严要求的态度。

3.其他结构体系

装配整体式混凝土框架结构、装配整体式混凝土剪力墙结构目前在我国国内发展迅速,得到了广泛的应用。此外,我国目前推广的装配式混凝土结构体系中,还包括装配整体式混凝土框架－现浇剪力墙结构、装配整体式框架－现浇核心筒结构、装配整体式部分框支剪力墙结构。

装配整体式混凝土框架-现浇剪力墙结构是办公、酒店类建筑中常见的结构体系,剪力墙为第一道抗震防线,预制框架为第二道抗震防线。预制构件种类一般有预制外挂墙板、全预制柱、叠合梁、全预制板、叠合板、全预制女儿墙等。其中,预制柱的竖向连接采用钢筋套筒灌浆连接。

装配整体式混凝土框架-现浇剪力墙结构的技术特点是结构的主要抗侧力构件剪力墙一般

为现浇,第二道抗震防线框架为预制,则预制构件标准化程度较高,预制柱、梁构件、楼板构件均为平面构件,生产、运输效率较高。

装配整体式混凝土框架-现浇剪力墙结构是以预制装配框架柱为主,并布置一定数量的现浇剪力墙,通过水平刚度很大的楼盖将两者联系在一起共同抵抗水平荷载。考虑到目前的研究基础,我国建议剪力墙构件采用现浇结构,以保证结构整体的抗震性能。装配整体式混凝土框架-现浇剪力墙结构中,框架的性能与现浇框架等同,因此整体结构性能与现浇框架-剪力墙结构基本相同。装配整体式框架-现浇核心筒结构、装配整体式部分框支剪力墙结构目前国内外研究均较少,在我国国内的应用也很少。

1.1.3 预制率及装配率

1. 预制率

1) 预制率的概念

预制率是指装配式混凝土建筑室外地坪以上主体结构和围护结构中预制构件部分的材料用量占对应构件材料总用量的体积比。

2) 预制率的计算

$$预制率 = \frac{V_1}{V_1 + V_2}$$

式中:V_1——建筑室外地坪以上结构件采用预制混凝土构件的混凝土体积;计入 V_1 计算的预制混凝土构件类型包括:剪力墙、延性墙板、柱、支撑、梁、桁架、屋架、楼板、楼梯、阳台板、空调板、女儿墙、雨棚等;

V_2——建筑室外地坪以上结构件采用现浇混凝土构件的混凝土体积。

2. 装配率

1) 装配率的概念

装配率是指单体建筑室外地坪以上的主体结构、围护墙和内隔墙、装修和设备管线等采用预制部品部件的综合比例。

2) 装配率应根据表 1-1 中评价项分值按下式计算

$$P = \frac{Q_1 + Q_2 + Q_3}{100 - Q_4} \times 100\%$$

式中:P——装配率;

Q_1——主体结构指标实际得分值;

Q_2——围护墙和内隔墙指标实际得分值;

Q_3——装修和设备管线指标实际得分值;

Q_4——评价项目中缺少的评价项分值总和。

表 1-1　装配式建筑评分表

评价项		评价要求	评价分值	最低分值
主体结构 (50分)	柱、支撑、承重墙、延性墙板等竖向构件	35%≤比例≤80%	20~30*	20
	梁、板、楼梯、阳台、空调板等构件	70%≤比例≤80%	10~20*	

评 价 项		评价要求	评价分值	最低分值
围护墙和内隔墙（20分）	非承重围护墙非砌筑	比例≥80%	5	10
	围护墙与保温、隔热、装饰一体化	50%≤比例≤80%	2～5*	
	内隔墙非砌筑	比例≥50%	5	
	内隔墙与管线、装修一体化	50%≤比例≤80%	2～5*	
装修和设备管线（30分）	全装修	—	6	6
	干式工法楼面、地面	比例≥70%	6	—
	集成厨房	70%≤比例≤90%	3～6*	
	集成卫生间	70%≤比例≤90%	3～6*	
	管线分离	50%≤比例≤70%	4～6*	

注：表中带"＊"项的分值采用"内插法"计算，计算结果取小数点后1位。

1.1.4　我国装配式建筑发展现状及趋势

目前，建筑业已成为国民经济的支柱产业之一。但我们也应该清醒地看到，我国建筑业当前仍是一个劳动密集型、以现浇建造方式为主的传统产业，传统建造方式提供的建筑产品已不能满足人们对高品质建筑产品的美好需求，传统粗放式的发展模式已不适应我国已进入高质量发展阶段的时代要求。为此，我国需要大力发展装配式建筑。

装配式建筑是结构系统、外围护系统、设备与管线系统、内装系统的主要部分采用预制部品部件集成的建筑。装配式建筑从建筑材料的角度主要分为三种结构形式：装配式混凝土结构、装配式钢结构和装配式木结构。装配式建筑以"六化一体"的建造方式为其典型特征，"六化"即设计标准化、生产工厂化、施工装配化、装修一体化、管理信息化和应用智能化。与传统建造方式相比，装配式建筑主要有生产效率高、建筑质量高、节约资源、减少能耗、清洁生产、噪声污染小等优点。

为支持装配式建筑发展，自2016年以来，我国从国家层面陆续出台多项文件，如表1-2所示。

表1-2　装配式建筑相关政策文件汇总

日　期	发布单位	文 件 名 称	文件主要内容
2016.02	国务院	中共中央国务院关于进一步加强城市规划建设管理工作的意见	力争用10年左右时间，使装配式建筑占新建建筑的比例达到30%。积极稳妥推广钢结构建筑。在具备条件的地方，倡导发展现代木结构建筑
2016.09	国务院	总理主持召开国务院常务会议	大力发展钢结构、混凝土等装配式建筑：以京津冀、长三角、珠三角城市群和常住人口超过300万的其他城市为重点，加快提高装配式建筑占新建建筑面积的比例
2016.09	国务院	国务院办公厅关于大力发展装配式建筑的指导意见	其余城市为鼓励推进地区，因地制宜发展装配式混凝土结构、钢结构和现代木结构等装配式建筑

日　期	发布单位	文件名称	文件主要内容
2017.02	国务院	国务院常务会议	对标国际先进标准,提高建筑设计和建设水平,推广智能和装配式建筑
2017.09	国务院	国务院办公厅关于促进建筑业持续健康发展的意见	大力发展装配式混凝土和钢结构建筑,在具备条件的地方倡导发展现代木结构建筑,不断提高装配式建筑在新建建筑中的比例。力争用10年左右的时间,使装配式建筑占新建建筑面积的比例达到30%
2018.06	国务院	《打赢蓝天保卫战三年行动计划》国发(2018)22号	提到"2018年底前,各地建立施工工地管理清单。因地制宜稳步发展装配式建筑。"
2016.12	住建部	住房和城乡建设部关于印发装配式混凝土结构建筑工程施工图设计文件技术审查要点的通知	编制并印发《装配式混凝土结构建筑工程施工图设计文件技术审查要点》
2017.01	住建部	对十二届全国人大五次会议第6697号建议的答复	组织编制了《装配式混凝土结构建筑技术标准》《装配式钢结构建筑技术标准》《装配式木结构建筑技术标准》3项国家标准,并于2017年6月正式实施
2017.03	住建部	住房和城乡建设部关于印发《"十三五"装配式建筑行动方案》《装配式建筑示范城市管理办法》《装配式建筑产业基地管理办法》的通知	制定了《"十三五"装配式建筑行动方案》《装配式建筑示范城市管理办法》《装配式建筑产业基地管理办法》
2017.04	住建部	住房和城乡建设部关于发布行业标准《装配式劲性柱混合梁框架结构技术规程》的公告	批准《装配式劲性柱混合梁框架结构技术规程》为行业标准,编号为JGJ/T 400—2017,自2017年10月1日起实施
2018.01	住建部	装配式建筑评价标准2月起实施	批准《装配式建筑评价标准》为国家标准,编号为GB/T 51129—2017,自2018年2月1日起实施。原国家标准《工业化建筑评价标准》GB/T 51129—2015同时废止
2018.03	住建部	住房和城乡建设部建筑节能与科技司关于印发2018年工作要点的通知	积极推进建筑信息模型(BIM)技术在装配式建筑中的全过程应用,推进建筑工程管理制度创新,积极探索推动既有建筑装配式装修改造,开展装配式超低能耗高品质绿色建筑示范

从国务院近年来出台有关装配式建筑相关文件来看,主要制定了我国装配式建筑的发展规划和发展路径。从目标上看,我国力争到2025年,使装配式建筑占新建建筑的比例达到30%(一些省份,例如江苏、四川,发文提出到2020年装配式建筑装配化率达到30%以上);从地域上看,京津冀、长三角、珠三角城市群和常住人口超过300万以上的城市为装配式建筑重点发展地区,其他地区因地制宜发展装配式建筑;从类型上看,我国将大力发展装配式混凝土和钢结构建筑,在具备条件的地方倡导发展现代木结构建筑。

从住建部出台文件来看,则是进一步完善了发展装配式建筑的技术标准,在2018年3月又积极倡导BIM技术在装配式建筑上面的运用。

虽然目前国家积极推进装配式建筑发展,逐步完善了政策和标准体系上的相关规定,但目前业内装配式建筑的发展并不尽如人意。原因主要有以下几点。

一是建造成本较高。目前,预制构件生产企业处于市场起步阶段,制构件产量低,没有形成生产规模,且与传统现浇混凝土结构相比成本偏高。同时,预制构件企业按照工业企业进行课税,预制构件增值税达到了17%,增加了生产成本,不利于装配式建筑的推广。

二是专业人才缺乏。目前,全国的大专院校基本上没有"预制构件"专业,也没有对技术工人培训的渠道,造成相关管理人才和技术人才均极度缺乏。同时,装配式装修虽然使工程在混凝土现浇、模板和钢筋等方面减少了现场用工量,但同时也增加了构件吊装、灌浆和节点连接等方面的人工用量,并且施工难度更大,普通的施工队伍,人员素质较低,缺乏施工经验,很难满足装配式建筑的施工要求。

三是缺乏技术支持。装配式建筑全生命周期涉及"设计—生产—施工—运维"各个阶段,这就要求实施装配式建筑的企业最好熟悉EPC模式,并有一定的BIM技术。EPC总承包管理模式的核心思想符合装配式建筑的发展要求,2016年9月,国务院印发的《关于大力发展装配式建筑的指导意见》,其中有一条明确提出,装配式建筑项目重点应用EPC总承包管理模式;BIM技术可以提高装配式建筑协同设计效率、降低设计误差、优化预制构件的生产流程,改善预制构件库存管理、模拟优化施工流程,实现装配式建筑运维阶段的质量管理和能耗管理,有效提高装配式建筑设计、生产和维护的效率。例如,在设计阶段,利用BIM技术所构建的设计平台,装配式建筑设计中的各专业设计人员能够快速地传递各自专业的设计信息,对设计方案进行"同步"修改;在施工阶段,利用BIM技术结合RFID技术,通过在预制构件生产的过程中嵌入含有安装部位及用途信息等构件信息的RFID芯片,存储验收人员及物流配送人员可以直接读取预制构件的相关信息,实现电子信息的自动对照,减少在传统的人工验收和物流模式下出现的验收数量偏差、构件堆放位置偏差、出库记录不准确等问题的发生,可以明显地节约时间和成本。

尽管现阶段我国装配式建筑发展面临诸多困难和挑战,但是,面对人口红利消失、我国逐步进入工业化成熟阶段、环保政策的日趋严厉,我国发展装配式建筑势在必行。

1.2 装配式混凝土结构工程的主要环节

1.2.1 装配式混凝土结构工程设计

装配式混凝土结构工程设计的主要环节应包括前期技术策划、方案设计、初步设计、施工图设计、构件深化(加工)图设计、室内装修设计等相关内容。

(1) 装配式混凝土建筑在各个阶段的设计深度除应符合现行国家标准的规定外,还应满足下列要求。

① 前期技术策划应在项目规划审批立项前进行,对项目定位、技术路线、成本控制、效率目标等做出明确要求,对项目所在区域的构件生产能力、施工装配能力、现场运输与吊装条件等进行技术评估。

② 方案设计阶段应对项目采用的预制构件类型、连接技术提出设计方案,对构件的加工制作、施工装配的技术经济性进行分析,并协调开发建设、建筑设计、构件制作、施工装配等各方要求,加强建筑、结构、设备、电气、装修等各专业之间的密切配合。

（2）初步设计是在建筑、结构设计以及机电设备、室内装修方案设计的基础上，由设计单位联合构件生产企业，结合预制构件生产工艺，以及施工单位的吊装能力、道路运输等条件，对预制构件的形状、尺度、重量等进行估算，并与建筑、结构、设备、电气、装修等专业进行初步的协调。

（3）装配式混凝土结构应充分体现标准化设计理念，并应符合现行国家标准《建筑模数协调标准》（GB/T 50002—2013）的相关规定。

（4）施工图设计应由设计单位进一步结合预制构件生产工艺和施工单位初步的施工组织计划，在初步设计的基础上，建筑专业完善建筑平、立面及建筑功能，结构专业确定预制构件的布局及其形状和尺度，机电设备专业确定管线布局，室内装修专业进行部品设计，同时，各专业完成统一协调工作，避免各专业之间的错漏碰缺。

①施工图设计的质量，决定着工程建设的性价比，直接决定着工程结构安全和使用功能。施工图设计应按照建筑设计与装修设计一体化的原则，对户内管线、用水点及电气点位等准确定位，满足装修一次到位要求，保证建筑设计与装修设计的一致性。楼梯间、门窗洞口、厨房和卫生间的设计，要重点检查其是否符合现行国家标准的有关规定。

②装配式建筑施工图设计除了要在平面、立面、剖面准确表达预制构件的应用范围、构件编号及位置、安装节点等要求外，还应包括典型预制构件图、配件标准化设计与选型、预制构件性能设计等内容。施工图设计必须要满足后续预制构件深化设计要求，在施工图初步设计阶段就与深化设计单位充分沟通，将装配式要求融入施工图设计中，减少后续图纸变更或更改，确保施工图设计图纸的深度对于深化设计需要协调的要点已经充分清晰表达。

③装配式建筑施工图设计文件须经施工图审查机构审查，施工图审查机构应严格按照国家有关标准、规范的要求对施工图设计文件进行审查。在对标准规范理解不清或超出规定的情况下，可以依据专家评审意见进行施工图审查。

1.2.2 预制构件深化设计

深化设计是指在原设计方案、条件图基础上，结合现场实际情况，对图纸进行完善、补充，绘制成具有可实施性的施工图纸，深化设计后的图纸满足原方案设计技术要求，符合相关地域设计规范和施工规范，并通过审查，图形合一，能直接指导现场施工。

构件加工深化设计工作作为装配式建筑的专项设计，具有承上启下、贯穿始终的作用，直接影响工程项目实施的质量与成本。在选择深化设计单位时应调查研究，委托有长期从事预制技术研究和工程应用经验的咨询单位进行深化设计，深化设计单位应具备丰富的装配式建筑方案设计、构件深化设计、生产及安装的专业能力和实际经验，对项目方案设计、施工图设计、构件生产及构件安装的产业化整体质量管理计划具备协调控制能力，为后续的生产、安装顺利实施做好准备。

预制构件施工图深化设计包括平立面安装布置图、典型构件安装节点详图、预制构件安装构造详图部分的各专业设计预留预埋件定位图。预制构件加工图深化设计包括预制构件图（如有要求含面层装饰设计图及节能保温设计图）、构件配筋图、生产及运输用配件详图等。

在深化设计前，深化设计人员应仔细审核建筑、结构、水、暖、电等设备施工图，补足遗漏、矛盾等问题，提出深化设计工作计划。深化设计过程应加强与预制构件厂及施工单位的配合，确保深化设计成果满足实施要求。深化设计工作完成后，应提交给工程设计单位进行审核确认；确认无误后，构件深化设计图纸即可作为装配式混凝土结构工程的实施依据。

（1）预制构件制作前应进行深化设计，设计文件应包括以下内容。

①预制构件平面图、模板图、配筋图、安装图、预埋件及细部构造图等。

②带有饰面板材的构件应绘制板材模板图。

③夹芯外墙板应绘制内外叶墙板拉结件布置图、保温板排版图。

④预制构件脱模、翻转过程中混凝土强度的验算。

（2）构件深化设计应满足工厂制作、施工装配等相关环节承接工序的技术和安全要求，各种预埋件、连接件设计应准确、清晰、合理，并完成预制构件在短暂设计状况下的设计验算。

（3）项目应采用建筑信息化模型（BIM）进行建筑、结构、机电设备、室内装修一体化协同设计。

（4）项目应注重主体结构集成技术，外围护结构的承重、保温、装饰一体化集成技术，室内装饰装修集成技术的应用。

1.2.3　预制构件的制作

装配式建筑中大量的建筑部品由车间生产加工完成，预制构件种类主要有外墙板、内墙板、叠合板、阳台、空调板、楼梯、预制梁、预制柱等。与现有的建筑施工不同，装配式建筑的现浇作业大大减少，现场只需进行装配作业。由于装配式建筑采用建筑、装修一体化设计、施工，装修可随主体施工同步进行。装配式建筑在建造过程中因为能够节约大量原材料，实现建筑工业化及产业化生产，已经受到政府和企业的广泛关注。

为了确保预制构件质量，构件生产要处于严密的质量管理和控制之下，通过构件生产管理策划可以明确生产过程中的目标计划、管理要求、重点内容、工具方法以及必要的资源支持，为质量管理提供良好的生产组织环境。质量管理的实施要涵盖预制构件生产全过程及其主要特征，诸如原材料采购和进场、混凝土配制、构件生产、码放储存、出厂及运输、构件资料等方面，并对关键过程或特殊构件加以重点研讨。质量管理要对构件生产过程中的试验检测、质量检验工作制定明确的管理要求，保持质量管理有效运行和持续改进。

（1）预制构件的制作应有保证生产质量要求的生产工艺和设施、设备，生产全过程应有健全的安全保证措施。

（2）预制构件的生产设施、设备应符合环保要求，混凝土搅拌与砂石堆场宜建立封闭设施；无封闭设施的砂石堆场应建立防扬尘及喷淋设施；混凝土生产余料、废弃物应综合利用，生产污水应在处理后排放。

（3）预制构件制作应编制生产方案，并应由技术负责人审批后实施，包括生产计划、工艺流程、模具方案、质量控制、成品保护、运输方案等。

（4）预制构件生产的通用工艺流程如下：

模台清理→模具组装→钢筋加工安装→管线、预埋件等安装→混凝土浇筑→养护→脱模→表面处理→成品验收→运输存放。

（5）预制构件生产员工应根据岗位要求进行专业技能岗位培训。

1.2.4　装配式混凝土结构施工

结合工程项目的实际特点，在装配式混凝土结构施工前编制相应的专项施工方案，专项施工方案包括构件的运输与存放、构件吊装作业、构件安装与连接等内容。正式施工前选择有代表性的单元或部件进行试安装，并根据试安装结果及时调整和完善施工方案，严格按专项施工方案中的施工措施进行构件吊装的深化设计。

装配式混凝土结构施工前,施工单位应对技术人员、现场作业人员进行质量安全技术交底。根据工程特点、施工进度计划、构件种类和重量,选择适宜的起重机械设备,其所有起重机械设备均应具有特种设备制造许可证及产品合格证。

(1)装配式混凝土结构施工应具有健全的施工组织方案、技术标准、施工方法。

(2)预制构件安装施工前,应编制专项施工方案,并按设计要求对各工况进行施工验算和施工技术交底。

(3)装配式混凝土结构施工测量应编制专项施工方案。

(4)预制构件安装前,应制定构件安装流程,并按施工方案、工艺和操作规程的要求做好人、机、料的各项准备工作。

(5)预制构件安装应根据构件吊装顺序运抵施工现场,并根据构件编号、吊装计划和吊装序号在构件上标出序号,并在图纸上标出序号位置。

(6)未经设计允许不得对预制构件进行切割、开洞。

1.2.5 装配式混凝土结构质量验收

我国现行行业标准《装配式混凝土结构技术规程》(JGJ 1—2014)中规定了装配式混凝土结构作为混凝土结构子分部工程质量验收的一般规定、主控项目和一般项目。我国现行国家标准《混凝土结构工程施工质量验收规范》(GB 50204—2015)中也规定了装配式结构分项工程验收和混凝土结构子分部工程验收的内容。装配式结构分项工程的验收包括一般规定、预制构件以及包含装配式结构特有的钢筋连接和构件连接等内容的预制构件安装与连接三部分。装配式结构分项工程可按楼层、结构缝或施工段划分检验批,对于装配式结构现场施工中涉及的钢筋绑扎、混凝土浇筑等内容,应分别纳入钢筋、混凝土、预应力等分项工程进行验收。

对于装配式结构现场施工中涉及的装修、防水、节能及机电设备等内容,应分别按装修、防水、节能及机电设备等分部或分项工程的验收要求执行。装配式结构还要在混凝土结构子分部工程验收层面进行结构实体检验和工程资料验收。

(1)预制构件的生产全过程应有健全的质量管理体系及相应的试验检测手段。

(2)预制构件的各种原材料在使用前应进行试验检测,其质量标准应符合现行国家标准的有关规定。

(3)预制构件的各种预埋件、连接件等在使用前应进行试验检测,其质量标准应符合现行国家标准的有关规定。

(4)预制构件的各项性能指标应符合设计要求,并应建立构件标识系统,还应有出厂质量检验合格报告、进场验收记录。

(5)装配式混凝土结构施工应具有健全的质量管理体系及相应的施工质量控制制度。

(6)装配式混凝土结构施工测量,除应符合现行国家标准《混凝土结构工程施工质量验收规范》(GB 50204—2015)、《混凝土结构工程施工规范》(GB 50666—2011)和现行行业标准《装配式混凝土结构技术规程》(JGJ 1—2014)的规定外,还应符合下列规定:

①熟悉施工图纸,明确设计对各分项工程精度和质量控制的要求;

②现浇结构尺寸的允许偏差控制值应能满足预制构件安装的要求,并应采取与之配合的测量设备和控制方法;

③钢筋加工和安装位置的允许偏差应能满足预制构件安装和连接的要求,并应采用与之相

匹配的钢筋设备、定位工具和控制方法;

④现浇结构模板安装的允许偏差值和表面控制标准应与预制构件协调一致,并应采用与之相匹配的模板类型和控制措施。

(7)预制构件安装前,预制构件、材料、预埋件、临时支撑等应按现行国家有关标准及设计要求验收合格。

1.3 建筑产业化

1.3.1 建筑产业化的背景和现状

1.建筑产业化的概念及特点

建筑产业化是指运用现代化管理模式,通过标准化的建筑设计以及模数化、工厂化的部品生产,实现建筑构部件的通用化和现场施工的装配化、机械化。《装配式混凝土建筑技术标准》(GB/T 51231—2016)中给出明确定义:装配式建筑是结构系统、外围护系统、设备与管线系统、内装系统的主要部分采用预制部品部件集成的建筑。

新型建筑工业化是新型工业化的构成部分,是建筑产业现代化的重要途径。其目的是:提高建筑工程质量效率和效益;改善劳动环境,节省劳动力;促进建筑节能减排、节约资源。重点是:现代工业化、信息化技术(如 BIM)在传统建筑业的集成应用,促进建筑生产方式转变和建筑产业转型升级。

装配式混凝土建筑和现浇混凝土建筑相比的主要特点如下。

(1)主要构件在工厂或现场预制,采用机械化吊装,可以与现场各专业施工同步进行,具有施工速度快、有效缩短工程建设周期、有利于冬期施工的特点。

(2)构件预制采用定型模板平面施工作业,代替现浇结构立体交叉作业,具有生产效率高、产品质量好、安全环保、有效降低成本的特点。

(3)在预制构件生产环节可以采用反打一次成型工艺或立模工艺等将保温、装饰、门窗附件等特殊要求的功能高度集成,可以减少物料损耗和施工工序。

(4)对从业人员的技术管理能力和工程实践经验要求较高,装配式建筑的设计、施工应做好前期策划,具体包括工期进度计划、构件标准化深化设计及资源优化配置方案等。

2.建筑产业化的背景

建筑产业化是一种新的业态模式,随着房地产产业在社会中的不断发展,建筑产业化的模式也随着建筑经济的变化逐步形成。与此同时,那种简单粗放型的流程已经不再适应建筑业的发展,建筑产业化将改变传统建筑业的生产方式,取代简单粗放型的流程,以提高住宅生产的劳动生产率,提高住宅的整体质量,降低成本,降低物耗、能耗。

经历了十几年的"默默无闻",建筑产业化似乎已经迎来了最佳的发展时期。不仅各地纷纷加大了对建筑产业化的指导与扶持力度,而且建筑产业化企业也不再是该领域的"独行者",越来越多的品牌房企开始自发关注并加入建筑产业化的探索队伍中。

住宅产业对国民经济有着重要的意义。住宅产业的发展会带动房地产、建筑、轻工、冶金、农林、建筑设备、机械、家电、家具等相关产业的发展,同时带动金融保险、财政、中介服务等第三产业的发展,带动社会稳定繁荣。建筑产业化通过集约化生产、规模化经营,可以用较少的投入实现住宅的高产出,以大量优质适价的住宅满足居民的需求,提高住宅建设的劳动生产率和经济效益,有助于住宅成为国民经济新的增长点。

从住宅目前的供求来看:一方面,由于经济的发展、居民生活水平的提高、消费观念和消费结构的改变以及城镇化的快速发展,必然会产生巨大的住宅需求;另一方面,我国落后的住宅生产方式和服务体系,又使得我国住宅的供给远远满足不了住宅的需求。要想解决住宅供求之间的矛盾,根本出路在于实行建筑产业化,唯有做到住宅开发定型化、标准化、建筑施工部件化、集约化,以及住宅投资专业化、系列化,生产经营一体化,将住宅建设全过程的建筑设计、构配件生产、住宅建筑设备生产供应、施工建造、销售及售后服务等诸多环节结合为一个完整的产业系统,从根本上提高住宅产品的品质。

改革开放40多年来,我国建筑业仍是一个劳动密集型、建造方式相对落后的传统产业,尤其在房屋建造的整个生产过程中,高能耗、高污染、低效率、粗放的传统建造模式还具有普遍性,与当前新型城镇化、工业化、信息化发展要求不相适应,与发达国家相比差距较大。

3. 建筑产业化的重要意义

建筑产业化对于住房和城乡建设领域的可持续发展具有革命性、根本性和全局性等重要意义。

1) 革命性

建筑产业现代化是生产方式的变革,是传统生产方式向现代工业化生产方式转变的过程。

2) 根本性

建筑产业化是解决建筑工程质量、安全、效率、效益、节能、环保、低碳等一系列重大问题的根本途径;是解决房屋建造过程中设计、生产、施工、管理之间相互脱节、生产方式落后问题的有效途径;是解决当前建筑业劳动力成本提高、劳动力和技术工人短缺以及提高建筑工人素质的必然选择。

3) 全局性

建筑产业化是推动我国建筑业以及住房和城乡建设领域转型升级、实现国家新型城镇化发展、节能减排战略的重要举措。

1.3.2 建筑产业化的基本内涵

1. 最终产品绿色化

20世纪80年代,人类提出可持续发展理念。党的十五大明确提出中国现代化建设必须实施可持续发展战略。党的十八大提出了"推进绿色发展、循环发展、低碳发展"和"建设美丽中国"的战略目标,面对来自建筑节能环保方面的巨大挑战,2013年国家启动《绿色建筑行动方案》,在政策导向上表明了要大力发展节能、环保、低碳的绿色建筑。

2017年4月,住房和城乡建设部印发了《建筑业发展"十三五"规划》(以下简称《规划》),阐明"十三五"时期建筑业发展战略意图、明确发展目标和主要任务,推进建筑业持续健康发展。《规划》强调要推动建筑产业现代化,推广智能和装配式建筑;提高建筑节能水平,推广建筑节能技术,推进绿色建筑规模化发展。

习近平总书记在十九大报告中全面阐述了加快生态文明体制改革、推进绿色发展、建设美丽中国的战略部署。十九大报告明确指出,我们要建设的现代化是人与自然和谐共生的现代化,既要创造更多物质财富和精神财富以满足人民日益增长的美好生活需要,也要提供更多优质生态产品以满足人民日益增长的优美生态环境需要。十九大报告为未来中国推进生态文明建设和绿色发展指明了方向。

推进建筑产业化,对各地区实现科学发展、绿色崛起意义重大。

(1) 有利于加快建筑业、房地产业转型升级。建筑工业化属于新型工业和高新技术产业,完全符合绿色发展要求。一方面,能不断提高住宅建造的集成化、装配化水平,促进建设领域技术进步,推动建筑业向品牌化、标准化、工厂化迈进,从而可以带动整个建筑业及相关产业转型升级。另一方面,通过一体化装修,发展成品住宅,可以有效带动各地区房地产业的优化升级。要提高经营性地产比重,以成品住宅为主。而住宅内装设计的标准化正是实现建筑工业化的重要一环。

(2) 有助于推动各地区新型城镇化进程和民生事业发展。当前,新型城镇化建设,新农村建设不断加速,城市形态不断提升,量能体积不断扩大,建筑工业化能够有效地缩短城镇化建设周期,加快开发这些城市空间拓展的增量。

我国经济持续高速发展,建筑行业不断发展,特别是住宅产业的兴起,对于国家经济的发展起着推动作用。目前我国的住宅建设具有面积广、需求量大、对于国家经济的推动性强等特点,基于建筑产业化发展的广阔前景,我们针对建筑产业化发展中的主要问题,包括起步晚、现代化程度不高、与国家经济发展的需求不相符等进行研究,提出如何实现建筑产业化程度较高的可行性措施分析。

2. 建筑生产工业化

建筑生产工业化是指用现代工业化的大规模生产方式代替传统的手工业生产方式来建造建筑产品。建筑生产工业化主要体现在三部分:建筑设计标准化、中间产品工厂化和施工作业机械化,如图 1-3 所示。

图 1-3　建筑产业工业化

3. 全产业链集成化

借助于信息技术手段,用整体综合集成的方法把工程建设的全部过程组织起来,使设计、采购、施工、机械设备和劳动力等资源配置更加优化;采用工程总承包的组织管理模式,在有限的时间内发挥最有效的作用,提高资源的利用效率,创造更大的效用价值,如图 1-4 所示。

4. 产业工人技能化

随着建筑业科技含量的提高,繁重的体力劳动将逐步减小,复杂的技能型操作工序将大幅度增加,对操作工人的技术能力也提出了更高的要求。因此,实现建筑产业现代化急需强化职业技能培训与考核持证,促进有一定专业技能水平的农民工向高素质的新型产业工人转变,如图 1-5所示。

图 1-4　全产业链集成化

图 1-5　产业工人技能化

1.3.3　建筑产业化发展面临的问题与对策

1. 当前存在的主要问题

（1）重视出台政策，忽视培育企业（政府层面）。

近年来，各地出台了很多很好的政策措施和指导意见，但在推进过程中缺乏企业支撑，尤其对龙头企业的培育，提供的建设项目也缺乏对实施过程的总结、指导和监督。

（2）重视技术研发，轻视管理创新（企业层面）。

近年来，一些企业自发地开展产业化技术的研发和应用，但忽视了企业现代化管理制度和运行模式的建立，变成"穿新鞋走老路"。

（3）重视结构技术，轻视装修技术（企业层面）。

企业在建筑工业化发展初期重视主体结构装配技术的应用，缺乏对建筑装饰装修技术的开发应用，忽视了房屋建造全过程、全系统、一体化发展。

（4）重视成本因素，轻视综合效益（企业层面）。

企业在发展初期往往注重成本提高因素,忽视通过生产方式转变、优化资源配置、提升整体效益所带来的长远效益和综合效益最大化。

2. 发展的对策建议

住房和城乡建设部提出 2015 年"实现建筑产业现代化新跨越"的要求。

"新跨越"是指在一定历史条件下要跨越一个发展阶段、上一个新台阶、提升一个新高度,不是单纯地加快速度或简单地用"行政化"手段推进,更不是一哄而上,而是在不同的领域有先有后、有所侧重,重点突破,追求一种速度与质量并重、传统生产方式与现代工业化生产方式交替、当前发展与长远发展兼顾的协调发展模式。

因此,要实现建筑产业现代化的新跨越,必须要有新思维、新举措,做好准备,才能迎接挑战。

（1）实现新跨越需要统一行动计划。

建筑产业现代化覆盖建筑的全产业链、全过程,产业链长,系统性强,不是一个部门所能及,更不是有的部门抓"住宅产业现代化",有的部门抓"建筑产业现代化"。建议要加强宏观指导和协调制订发展规划,明确发展目标,建立工作协调机制,优化配置政策资源,统一调动各方面力量,统筹推进,协调、有序发展。

（2）实现新跨越需要做好顶层设计。

建筑产业现代化工作是一项系统工程,要理念一致、目标一致、步骤一致,要从全局的视角出发,对各个层次、各种要素、各种参与力量进行统筹考虑,要进行总体架构的设计,做好总体规划。不是简单地喊一个口号,或出台一些激励的政策。在制定推进政策、措施的同时,要结合市场条件,适度引导企业合理布局,循序渐进,不可盲目跃进,一哄而上。

（3）实现新跨越需要重视管理创新。

建筑产业现代化有两个核心要素:一个是技术创新,另一个是管理创新。在推进过程中,我们往往更多地注重了技术创新,忽视了管理创新,甚至有的企业投入大量的人力、财力开展技术创新并取得一定成果,然而在工程实践中运用新的技术成果仍然采用传统、粗放式的管理模式,导致工程项目总体质量及效益达不到预期效果。现阶段管理创新要比技术创新更难、更重要,应摆在更高的位置。

（4）实现新跨越需要培育企业能力。

企业是主体,没有现代化企业支撑就无法实现建筑产业现代化。当前,建筑产业现代化处在发展的初期阶段,企业的专业化技术体系尚未成熟,现代化管理模式尚未建立,社会化程度还很低,专业化分工还没有形成,企业在设计、生产、施工、管理各环节缺技术、缺人才、缺专业化队伍仍具有普遍性,市场的信心和能力尚未建立。因此,能力建设显得尤为重要,能力建设的重点是培育企业的能力,包括设计能力、生产能力、施工能力和管理能力。

（5）实现新跨越需要树立革命精神。

建筑产业现代化的核心是生产方式变革。这种生产方式的变革必将对现行的传统发展模式带来冲击,对整个行业也将带来一系列变化,可以说建筑产业现代化是建筑业的一场革命,整个建筑行业将面临新一轮的改革发展。因此,我们必须要拿出革命精神和勇气去面对改革发展和由此带来的一系列挑战。

总之,要实现建筑产业现代化的新跨越,必须在技术集成能力、创新管理模式、转变生产方式、企业能力建设、政府体制机制等方面取得新突破,努力开创建筑产业现代化工作的新局面,实现新跨越。

课后练习

一、单选题

1.2016 年 2 月 6 日提出的《中共中央国务院关于进一步加强城市规划建设管理工作的若干意见》中指出:加大政策支持力度,力争用(　　)年左右时间,使装配式建筑占新建建筑的比例达到 30%。

　A. 5　　　　　　　　B. 10　　　　　　　　C. 15　　　　　　　　D. 20

2.预制率是指装配式混凝土建筑室外地坪以上主体结构和围护结构中预制构件部分的材料用量占对应构件材料总用量的(　　)。

　A. 面积比　　　　　　B. 重量比　　　　　　C. 数量比　　　　　　D. 体积比

3.发展装配式建筑最主要的原因是(　　)。

　A. 建筑行业节能减排的需要

　B. 解决建筑市场劳动力资源短缺及劳动力成本增加的需要

　C. 改变建筑设计模式和建造方式

　D. 建筑产业现代化的需求

4.2017 年 2 月,国务院办公厅印发《关于促进建筑业持续健康发展的意见》。提出力争用(　　)年左右的时间,使装配式建筑占新建建筑面积的比例达到(　　)。

　A. 5,15%　　　　　　B. 5,30%　　　　　　C. 10,30%　　　　　　D. 15,50%

5.关于下列说法正确的是(　　)。

　A. 装配式高层建筑含精装修可在半年内完成

　B. 装配式建筑不能完全解决传统建筑方式普遍存在的"质量通病"

　C. 装配式建筑的现场用人少,时间短,综合成本降低

　D. 装配式建筑的一大变革是将农民工变成操作工人

6.在下列选项中,剪力墙结构体系和技术要点匹配正确的是(　　)。

　A. 装配整体式剪力墙结构工业化程度很高,一般应用于高层建筑

　B. 叠合剪力墙结构一般国外应用较多,施工速度快,一般应用于南方地区

　C. 多层装配式剪力墙结构工业化程度一般,施工速度快,应用于多层建筑

　D. 将装配整体式剪力墙应用于多层剪力墙结构体系,真正做到工业化生产、施工

7.下列关于高层建筑装配整体式框架结构说法错误的是(　　)

　A. 高层建筑装配整体式框架结构,首层的剪切变形远大于其他各层

　B. 试验研究表明,预制柱底的塑性铰与现浇柱底的塑性铰一样

　C. 当高层建筑装配整体式剪力墙结构和部分框支剪力墙结构的底部加强部位及框架结构首层柱采用预制混凝土时,应进行专门研究和论证,采取特别的加强措施

　D. 高层框架结构的首层柱宜采用现浇柱,以保证结构的抗地震倒塌能力

二、多选题

1.混凝土结构按施工方法可分为哪几种(　　)。

　A. 素混凝土结构　　　B. 钢筋混凝土结构　　　C. 现浇混凝土结构

　D. 预应力混凝土结构　E. 装配式混凝土结构

2.关于高层装配整体式混凝土结构,下列说法合理的有哪些(　　)。

A.宜设置地下室　　　　　　　　　　B.地下室应采用现浇混凝土建造

C.剪力墙结构底部加强部位的剪力墙宜采用现浇混凝土

D.框架结构首层柱宜采用现浇混凝土　　E.顶层宜采用现浇楼盖结构

3.《装配式混凝土结构技术规程》(JGJ 1—2014)适用的民用建筑结构体系主要包括哪些(　　)。

A.装配整体式框架结构　　　　　　　　B.装配整体式剪力墙结构

C.装配整体式框架-现浇剪力墙结构　　D.装配整体式部分框支剪力墙结构

E.装配式筒体结构

4.发展装配式建筑对于建筑工业化和住宅产业化的意义(　　)。

A.改变传统建筑业落后的生产方式

B.实现了建筑流程完全可控

C.符合可持续发展理念

D.是传统住宅产业化向现代化转型升级的必经之路

E.符合国家建筑业相关政策

5.20世纪九十年代,我国的装配式混凝土结构的发展处于低潮时期,我国传统装配式建筑存在的问题是(　　)。

A.户型单一、渗漏、不保温、不节能、标准低、质量差

B.效率和成本与现浇相比没有优势

C.装配式建筑的施工机械不先进和施工技术不完善

D.结构的抗震性能不佳

E.以上均不符合题意

6.推进建筑信息模型应用的基本原则是(　　)。

A.企业主导,需求牵引　　　　　　　　B.政策主导,技术升级

C.行业服务,创新驱动　　　　　　　　D.政策引导,示范推动

E.行业服务,示范推动

7.以下哪些是属于装配式混凝土建筑的优点?(　　)

A.施工周期会缩短　　　　　　　　　　B.工程质量会提升

C.建筑垃圾和扬尘污染会减少　　　　　D.个性化设计大大增强

8.下列属于装配式建筑的是(　　)。

A.柱、支撑、承重墙、延性墙板等竖向承重构件主要采用混凝土材料时,预制部品部件的应用比例不应低于40%

B.柱、支撑、承重墙、延性墙板等竖向承重构件主要采用金属材料、木材及非水泥基复合材料时,竖向构件应全部采用预制部品部件

C.楼(屋)盖构件中预制部品部件的应用比例不应低于70%

D.外围护墙采用非砌筑类型墙体的应用比例不应低于60%

E.采用全装修

三、判断题

1.装配式建筑是指建筑的结构系统由混凝土部件(预制构件)构成的建筑。(　　)

2.装配式建筑是一个系统工程,由结构系统、外围护系统、设备与管线系统、内装系统四大系统组成。(　　)

3.装配式建筑是用预制构件、部品部件在工地装配而成的建筑。(　　)

4.我国装配式混凝土结构的发展,是在 1950 年开创,在 1960—1980 年发展,但是在 20 世纪九十年代进入低潮,在 2010 年后开始恢复和发展并进行创新。(　　)

5.建筑工业化包含的 5 大特征:建筑设计标准化、构配件生产工厂化、施工装配化、装修一体化、管理信息化。(　　)

6.国家已经出台专门针对装配式建筑的合同范本,传统建筑模式下的合同范本已不适用于装配式建筑。(　　)

7.高层建筑装配整体式混凝土结构中,设置地下室时,宜采用现浇混凝土。(　　)

8.装配率指的是工业化建筑室外地坪以上主体结构与维护结构中,构件部分的混凝土用量占对应混凝土总量的比例。(　　)

9.国务院办公厅印发《关于大力发展装配式建筑的指导意见》指出各个地区要因地制宜发展装配式混凝土结构、钢结构和现代木结构等装配式建筑。(　　)

四、简答题

1.简述装配式混凝土结构的概念及其分类。

2.简述装配率的概念及其计算方法。

3.什么是建筑产业化?建筑产业化的主要特点有哪些?

Chapter 2

项目 2　预制混凝土构件、配件及连接技术

　　预制混凝土构件(PC 构件)是在工厂中通过标准化、机械化方式加工生产的混凝土部件,其主要组成材料为混凝土、钢筋、预埋件、保温材料等。由于构件在工厂内机械化加工生产,构件质量及精度可控,且受环境制约较小。采用预制构件建造,具备节能减排、减噪降尘、减员增效、缩短工期等诸多优势。

2.1　预制混凝土构件

　　目前,预制混凝土构件可按结构形式分为水平构件和竖向构件,其中水平构件包括预制混凝土叠合板、预制混凝土空调板、预制混凝土阳台板、预制混凝土楼梯板、预制混凝土叠合梁等;竖向构件包括预制隔墙板、预制混凝土内墙板、预制混凝土外墙板(预制外墙飘窗)、预制混凝土女儿墙、预制 PCF 板、预制混凝土柱等。

2.1.1　主要竖向预制构件

1.预制混凝土框架柱

预制混凝土框架柱是建筑物的主要竖向结构受力构件,一般采用矩形截面,如图 2-1 所示。

图 2-1　预制混凝土框架柱

矩形预制柱截面边长不宜小于 400 mm,圆形预制柱截面直径不宜小于 450 mm,且不宜小于同方向梁宽的 1.5 倍。

柱纵向受力钢筋直径不宜小于 20 mm,纵向受力钢筋间距不宜大于 200 mm 且不应大于 400 mm。柱纵向受力钢筋可集中于四角配置且宜对称布置。柱中可设置纵向辅助钢筋(辅助钢筋直径不宜小于 12 mm 且不宜小于箍筋直径)。当正截面承载力计算不计入纵向辅助钢筋时,纵向辅助钢筋可不伸入框架节点。

柱纵向受力钢筋在柱底连接时,柱箍筋加密区长度不应小于纵向受力钢筋连接区域长度与 500 mm 之和;当采用套筒灌浆连接或浆锚连接等方式时,套筒或搭接段上端第一道箍筋距离套筒或搭接段顶部不应大于 50 mm,如图 2-2 所示。

图 2-2　预制柱底部箍筋加密区构造示意

1—预制柱;2—连接接头或钢筋连楼区域;3—加密区箍筋;4—箍筋加密区(阴影区域)

2.预制混凝土剪力墙墙板

1)预制混凝土夹芯外墙板

预制混凝土夹芯外墙板又称"三明治板",是指在工厂预制成的,由内叶板、保温夹层、外叶板通过连接件可靠连接而成的预制混凝土夹芯保温剪力墙墙板,简称预制混凝土夹芯外墙板,如图 2-3 所示。内叶板侧面在施工现场通过预留钢筋与现浇剪力墙边缘构件连接,底部通过钢筋灌浆套筒与下层预制剪力墙预留钢筋相连。

预制混凝土夹芯外墙板在国内外均有广泛的应用,具有结构保温、装饰一体化的特点。预制混凝土夹芯外墙板根据其内、外叶墙板间的连接构造,可以分为组合墙板和非组合墙板。组合墙板的内、外叶墙板可通过拉结件的连接共同工作;非组合墙板的内、外叶墙板不共同受力,外叶墙仅作为荷载,通过拉结件作用在内叶墙板上。鉴于我国对于预制混凝土夹芯外墙板的科研成果和工程实践经验都还较少,目前在实际工程中,通常采用非组合式的墙板,只将外叶板作为中间层保温板的保护层,不考虑其承重作用,但要求其厚度不应小于 50 mm。中间夹层的厚度不宜大于 120 mm,用来放置保温材料,也可根据建筑物的使用功能和特点聚合诸如防火等其他功能的材料。当预制混凝土夹芯外墙板作为承重墙板时,内叶板按剪力墙构件进行设计,并执行预制混凝土剪力墙内墙板的构造要求。

2)双面叠合剪力墙

双面叠合剪力墙是内、外叶墙板预制并用桁架钢筋可靠连接,中间空腔在现场后浇混凝土而形成的剪力墙叠合构件,如图 2-4 所示。双面叠合墙板通过全自动流水线进行生产,自动化程度高,具有非常高的生产效率和加工精度,同时具有整体性好、防水性能好等特点。随着桁架钢筋技术的发展,自 20 世纪七十年代起,双面叠合剪力墙结构体系在欧洲开始得到广泛的应用。自 2005 年起双面叠合剪力墙体系慢慢引入中国市场,在这 10 多年的时间里,结合我国国情,各大高校、科研机构及企业针对双面叠合剪力墙结构体系进行了一系列试验研究,证实了双面叠合剪力墙具有与现浇剪力墙接近的抗震性能和耗能能力,可参考现浇结构计算方法进行结构计算。

图 2-3 预制混凝土夹芯外墙板

图 2-4 双面叠合剪力墙

双面叠合剪力墙的墙肢厚度不宜小于 200 mm,单叶预制墙板厚度不宜小于 50 mm,空腔净距不宜小于 100 mm。预制墙板内、外叶内表面应设置粗糙面,粗糙面凹凸深度不应小于 4 mm。内、外叶预制墙板应通过钢筋桁架连接成整体。钢筋桁架宜竖向设置,单片预制叠合剪力墙墙肢不应小于 2 榀,钢筋桁架中心间距不宜大于 400 mm,且不宜大于竖向分布筋间距的 2 倍;钢筋桁架距叠合剪力墙预制墙板边的水平距离不宜大于 150 mm。钢筋桁架的上弦钢筋直径不宜小于 10 mm,下弦及腹杆钢筋直径不宜小于 6 mm。钢筋桁架应与两层分布筋网片可靠连接。

双面叠合剪力墙空腔内宜浇筑自密实混凝土;当采用普通混凝土时,混凝土粗骨料的最大粒径不宜大于 20 mm,并应采取保证后浇混凝土浇筑质量的措施。

3）预制混凝土剪力墙内墙板

预制混凝土剪力墙内墙板是指在工厂预制成的混凝土剪力墙构件,如图 2-5 所示。预制混凝土剪力墙内墙板侧面在施工现场通过预留钢筋与现浇剪力墙边缘构件连接,底部通过钢筋灌浆套筒与下层预制剪力墙预留钢筋相连。

预制剪力墙宜采用一字形,也可采用 L 形、T 形或 U 形。开洞预制剪力墙洞口宜居中布置,洞口两侧的墙肢宽度不应小于 200 mm,洞口上方连梁高度不宜小于 250 mm。

预制剪力墙的连梁不宜开洞。当需开洞时,洞口宜预埋套管。洞口上、下截面的有效高度不宜小于梁高的 1/3,且不宜小于 200 mm。被洞口削弱的连梁截面应进行承载力验算,洞口处应配置补强纵向钢筋和箍筋,补强纵向钢筋的直径不应小于 12 mm。

预制剪力墙开有边长小于 800 mm 的洞口且在结构整体计算中不考虑其影响时,应沿洞口周边配置补强钢筋。补强钢筋的直径不应小于 12 mm,截面面积不应小于同方向被洞口截断的

图 2-5　预制混凝土剪力墙内墙板

钢筋面积。该钢筋自孔洞边角算起伸入墙内的长度不应小于其抗震锚固长度。

　　当采用套筒灌浆连接时,自套筒底部至套筒顶部并向上延伸 300 mm 范围内,预制剪力墙的水平分布筋应加密。加密区水平分布筋直径不应小于 8 mm。当构件抗震等级为一、二级时,加密区水平分布筋间距不应大于 100 mm;当构件抗震等级为三、四级时,其间距不应大于150 mm。套筒上端第一道水平分布钢筋距离套筒顶部不应大于 50 mm。

　　端部无边缘构件的预制的预制剪力墙,宜在端部配置 2 根直径不小于 12 mm 的竖向构造钢筋。沿该钢筋竖向应配置拉筋,拉筋直径不宜小于 6 mm,间距不宜大于 250 mm。

　　4）PCF 板

　　PCF 板是预制混凝土外叶层加保温板的永久模板。其做法是将"三明治"外墙板的外叶层和中间保温夹层在工厂预制,然后运至施工现场吊装到位,再在内叶层一侧绑扎钢筋、支好模板,浇筑内叶层混凝土从而形成完整的外墙体系,如图 2-6 所示。PCF 板主要用于装配式混凝土剪力墙的阳角现浇部位。PCF 板的应用,有效地替代了剪力墙转角处现浇区外侧模板的支模工作,还可以减少施工现场在高处作业状态下的外墙外饰面施工。

图 2-6　PCF 板

5）外挂墙板

外挂墙板是指安装在主体结构上，起围护和装饰作用的非承重预制混凝土外墙板。外挂墙板是建筑物的外围护结构，其本身不分担主体结构承受的荷载和抗震作用，如图2-7所示。作为建筑的外围护结构，绝大多数外挂墙板均附着于主体结构，必须具备适应主体结构变形的能力。外挂墙板与主体结构的连接采用柔性连接的方式，按连接形式可分为点连接和线连接两种。

平称式外摔墙板

图2-7　外挂墙板

外挂墙板的高度不宜大于一个层高，厚度不宜小于100 mm。外挂墙板宜采用双层、双向配筋，竖向和水平向钢筋的配筋率均不应小于0.5%，且钢筋直径不宜小于5 mm，间距不宜大于200 mm。外挂墙板应在门窗洞口周边角部配置加强筋。加强筋不应少于2根，直径不应小于12 mm，且应满足锚固长度的要求。外挂墙板的接缝构造应满足防水、防火、隔音等建筑功能要求，且接缝宽度应满足主体结构的层间位移、密封材料的变形能力、施工误差、温度引起的变形等要求，且不应小于15 mm。

6）预制内隔墙板

预制内隔墙板按成型方式可分为挤压成型墙板和立模（平模）浇筑成型墙板两种。

（1）挤压成型墙板。

挤压成型墙板也称预制条形墙板，是在预制工厂将搅拌均匀的轻质材料料浆，使用挤压成型机通过模板（模腔）成型的墙板，如图2-8所示。

按断面不同，其可分为空心板、实心板两类。在保证墙板承载和抗剪的前提下，将墙体断面做成空心，可以有效降低墙体的重量，并通过墙体空心处空气的特性提高隔断房间内的保温、隔音效果。门边板端部为实心板，实心宽度不得小于100 mm。

对于没有门洞的墙体，应从墙体一端开始沿墙长方向按顺序排板；对于有门洞的墙体，应从门洞口开始分别向两边排板。当墙体端部的墙板不足一块板宽时，应设计补板。

图 2-8　挤压成型墙板

（2）立模（平模）浇筑成型墙板。

立模（平模）浇筑成型墙板也称为预制混凝土整体内墙板，是在预制车间按照所需的样式使用钢模具拼接成型，浇筑或摊铺混凝土制成的墙体，如图 2-9 所示。

根据受力不同，内墙板使用单种材料或者多种材料加工而成。

将聚苯乙烯泡沫板材、聚氨酯、无机墙体保温隔热材料等轻质材料填充到墙体中，可以减少混凝土用量，绿色环保，减少室内热量与外界的交换，增强墙体的隔音效果，并通过墙体自重的减轻而降低运输和吊装的成本。

图 2-9　立模（平模）浇筑成型墙板

2.1.2　主要水平预制构件

1. 预制混凝土叠合梁

预制混凝土叠合梁是由预制混凝土底梁（或既有混凝土底梁）和后浇混凝土组成，分两阶段成型的整体受力结构构件，如图 2-10 所示。其下半部分在工厂预制，上半部分在工地叠合浇筑混凝土。

图 2-10　预制混凝土叠合梁

　　装配整体式框架结构中，当采用叠合梁时，框架梁的后浇混凝土叠合层厚度不宜小于 150 mm，次梁的后浇混凝土叠合层厚度不宜小于 120 mm；当采用凹口截面预制梁时，凹口深度不宜小于 50 mm，凹口边厚度不宜小于 60 mm，如图 2-11、图 2-12 所示。

(a)矩形截面　　　　　　　　　　　(b)凹口截面

图 2-11　叠合梁截面示意

1—后浇混凝土叠合层；2—叠合梁；3—叠合板

图 2-12　矩形截面叠合梁、凹口截面叠合梁

　　抗震等级为一、二级的叠合框架梁的梁端箍筋加密区宜采用整体封闭箍筋。当叠合梁受扭

时宜采用整体封闭箍筋,且整体封闭箍筋的搭接部分宜设置在预制部分。

采用组合封闭箍筋的形式时,开口箍筋上方应做成 135° 弯钩,如图 2-13 所示;非抗震设计时,弯钩端头平直段不应小于 $5d$(d 为箍筋直径);抗震设计时,平直段长度不应小于 $10d$。现场应采用箍筋帽封闭开口箍,箍筋帽宜两端做成 135° 弯钩,也可做成一端 135° 另一端 90° 弯钩,但 135° 弯钩和 90° 弯钩应沿纵向受力钢筋方向交错布置,框架梁弯钩平直段长度不应小于 $10d$,次梁 135° 弯钩平直段长度不应小于 $5d$,90° 弯钩平直段长度不应小于 $10d$。

(a)整体封闭箍   (b)组合封闭箍

图 2-13 　叠合梁箍筋示意图

1—预制梁;2—开口箍筋;3—上部纵向钢筋;4—箍筋帽

2. 预制混凝土叠合板

预制混凝土叠合板是指预制混凝土板顶部在现场后浇混凝土而形成的整体板构件,简称叠合板。

叠合板的预制板厚度不宜小于 60 mm,后浇混凝土叠合层厚度不应小于 60 mm。跨度大于 3 m 的叠合板,宜采用桁架钢筋混凝土叠合板;跨度大于 6 m 的叠合板,宜采用预应力混凝土叠合板;板厚大于 180 m 的叠合板,宜采用混凝土空心板。当叠合板的预制板采用空心板时,板端空腔应封堵。

1) 预制混凝土钢筋桁架叠合板

预制混凝土钢筋桁架叠合板属于半预制构件,下部为预制混凝土叠合板,外露部分为桁架钢筋,如图 2-14 所示。预制混凝土叠合板的预制部分最小厚度为 60 mm,叠合板在工地安装到位后应进行二次浇筑,从而成为整体实心板。钢筋桁架的主要作用是将后浇筑的混凝土层与预制底板形成整体,并在制作和安装过程中提供刚度。伸出预制混凝土层的钢筋桁架和粗糙的混凝土表面保证了叠合板预制部分与现浇部分能有效地结合成整体。

桁架钢筋应沿主要受力方向布置,距板边不应大于 300 mm,间距不宜大于 600 mm,桁架钢筋弦杆钢筋直径不宜小于 8 mm,腹杆钢筋直径不应小于 4 mm,桁架钢筋弦杆混凝土保护层厚度不应小于 15 mm。

2) 预制带肋底板混凝土叠合板

预制带肋底板混凝土叠合板一般为预应力带肋混凝土叠合板,简称 PK 叠合板,如图 2-15所示。

PK 叠合板以倒"T"形预应力混凝土预制带肋薄板为底板,肋上预留椭圆形孔,孔内穿置横向非预应力受力钢筋,然后再浇筑叠合层混凝土从而形成整体双向受力板。

PK叠合板的预应力钢筋采用高强消除预应力螺旋肋钢丝，具有较高的承载力、刚度及抗裂性能。施工阶段板底不需设置竖向支撑，预制构件单向简支受力，使用阶段叠合板整体双向受力，是二次受力的预应力混凝土双向叠合板。

图 2-14　预制混凝土钢筋桁架叠合板

图 2-15　预制带肋底板混凝土叠合板

3. 其他预制构件

1）预制混凝土楼梯板

预制混凝土楼梯板，受力明确，外形美观，避免了现场支模，如图 2-16 所示。安装后可作为施工通道，节约了施工工期。

2）预制混凝土阳台板

预制混凝土阳台板如图 2-17 所示。它能够克服现浇阳台支模复杂，现场高空作业费时、费力以及高空作业时的施工安全问题。

图 2-16　预制混凝土楼梯板

图 2-17　预制混凝土阳台板

3）预制混凝土空调板

预制混凝土空调板通常采用预制实心混凝土板，板顶预留钢筋通常与预制叠合板的现浇层相连，如图 2-18 所示。

4）预制混凝土女儿墙

预制混凝土女儿墙如图 2-19 所示，处于屋顶处外墙的延伸部位，通常有立面造型，采用预制混凝土女儿墙的优势是安装快速、节省工期。

图 2-18　预制混凝土空调板

图 2-19　预制混凝土女儿墙

2.2　预制混凝土构件常用配件

2.2.1　外墙保温拉结件

外墙保温拉结件是用于连接预制保温墙体内、外层混凝土墙板，传递墙板剪力，以使内外层墙板形成整体的连接器，如图 2-20 所示。拉结件宜选用纤维增强复合材料或不锈钢薄钢板加工制成。供应商应提供明确的材料性能和连接性能技术标准要求。当有可靠依据时，也可以采用其他类型的连接件。

图 2-20　外墙保温拉结件

夹芯外墙板中内外墙板的拉结件应符合下列规定。

（1）金属及非金属材料拉结件均应具有规定的承载力、变形和耐久性能，并应经过试验验证。

（2）拉结件应满足夹芯外墙板的节能设计要求。

目前，在预制夹芯保温墙体中使用的拉结件主要有玻璃纤维拉结件、玄武岩纤维钢筋拉结件、不锈钢拉结件。

连接件的设置方式应满足以下要求。

(1)棒状或片状连接件宜采用矩形或梅花形布置,间距一般为 400~600 mm,连接件与墙体洞口边缘距离一般为 100~200 mm;当有可靠依据时,也可按设计要求确定。

(2)连接件的锚入方式、锚入深度、保护层厚度等参数应满足现行国家相关标准的规定。

2.2.2 预埋螺栓和预埋螺母

预埋螺栓是将螺栓预埋在预制混凝土构件中,留出的螺栓丝扣用来固定构件,可起到连接固定作用,如图 2-21 所示。

图 2-21 预埋螺栓

常见的做法是预制挂板通过在构件内预埋螺栓与预制叠合板或者阳台板进行连接,还有为固定其他构件而预埋螺栓。与预埋螺栓相对应的另一种方式是预埋螺母。预埋螺母的好处是构件的表面没有凸出物,便于运输和安装,如内丝套筒就属于预埋螺母。对于小型预制混凝土构件,预埋螺栓和预埋螺母在不影响正常使用和满足起吊受力性能的前提下也当作吊钉使用。

2.2.3 预埋吊钉

预制混凝土构件过去的预埋吊件主要为吊环,现在多采用圆头吊钉、套筒吊钉、平板吊钉,如图 2-22 所示。

图 2-22 圆头吊钉、套筒吊钉、平板吊钉

圆头吊钉适用于所有预制混凝土构件的起吊,例如墙体、柱子、横梁、水泥管道。它的特点是无须加固钢筋,拆装方便,性能卓越,使用操作简便。还有一种带眼圆头吊钉。通常,在尾部的孔中拴上锚固钢筋,以增强圆头吊钉在预制混凝土中的锚固力。

套筒吊钉适用于所有预制混凝土构件的起吊。其优点是预制混凝土构件表面平整;缺点是采用螺纹接驳器时,需要将接驳器的丝杆完全拧入套筒中,如果接驳器的丝杆没有拧到位或接驳器的丝杆受到损伤时可能会降低其起吊能力,因此,较少在大型构件中使用套筒吊钉。

平板吊钉适用于所有预制混凝土构件的起吊,尤其适合墙板类薄型构件,平板吊钉种类繁多,选用时应根据厂家的产品手册和指南选用。平板吊钉的优点是起吊方式简单,安全可靠,正得到越来越广泛的运用。

2.3 预制混凝土构件的连接技术 ··························

装配式混凝土建筑是在工厂预制混凝土结构的构件,通过可靠的连接方式在施工现场装配而成的建筑结构,其中节点连接问题一直是构件预制和施工现场质量控制的重点和难点。对装配式混凝土结构而言,"可靠的连接方式"是第一重要的,是结构安全的最基本保障。目前,我国装配式混凝土结构的连接方式主要包括钢筋套筒灌浆连接、浆锚搭接连接、后浇混凝土连接、螺栓连接和焊接连接。钢筋套筒灌浆连接、浆锚搭接连接、后浇混凝土连接都属于湿法连接,螺栓连接和焊接连接属于干法连接。

螺栓连接是指用螺栓和预埋件将预制构件与预制构件或预制构件与主体结构进行连接的一种连接方式。在装配式混凝土结构中,螺栓连接仅用于外挂墙板和楼梯等非主体结构构件的连接。

焊接连接是指在预制混凝土构件中预埋钢板,构件之间将预埋钢板进行焊接连接来传递构件之间作用力的连接方式。焊接连接在混凝土结构中仅用于非结构构件的连接。

下面主要对钢筋套筒灌浆连接、浆锚搭接连接和后浇混凝土连接这三种连接方式做重要讲解。

2.3.1 钢筋套筒灌浆连接

钢筋套筒灌浆连接是在金属套筒内灌注水泥基浆料,将钢筋对接连接所形成的机械连接接头,如图 2-23 所示。钢筋套筒灌浆连接的技术在美国和日本已经有近四十年的应用历史,是一项十分成熟的技术。美国 ACI 已明确将这种连接列入机械连接的一类,不仅将这项技术广泛应用于预制构件受力钢筋的连接,而且还用于现浇混凝土受力钢筋的连接。我国部分单位对这种接头进行了一定数量的试验研究工作,证实了它的安全性。目前,装配式建筑中钢筋套筒灌浆连接的应用最为广泛。

1. 钢筋套筒灌浆连接的原理及工艺

1)钢筋套筒灌浆连接的原理

带肋钢筋插入套筒,向套筒内灌注无收缩或微膨胀的水泥基灌浆料,充满套筒与钢筋之间的间隙,灌浆料硬化后与钢筋的横肋和套筒内壁凹槽或凸肋紧密齿合,钢筋连接后所受外力能够有效传递。

图 2-23　钢筋套筒灌浆连接

2）钢筋套筒灌浆连接的工艺

钢筋套筒灌浆连接分两个阶段进行：第一个阶段在预制构件加工厂进行；第二个阶段在结构安装现场进行。

预制剪力墙、柱在工厂预制加工阶段，是将一端钢筋与套筒进行连接和预安装，再与构件的钢筋结构中其他钢筋连接固定，套筒侧壁接灌浆、排浆管并引到构件模板外，然后浇筑混凝土，将连接钢筋、套筒预埋在构件内。其连接钢筋和套筒的布置如图 2-24 所示。

图 2-24　剪力墙、柱接头及布筋示意图

2. 钢筋套筒灌浆连接接头的组成

钢筋套筒灌浆连接接头由连接钢筋、灌浆套筒和灌浆料三部分组成。

1）连接钢筋

《钢筋连接用灌浆套筒》JG/T 398—2019 规定了灌浆套筒适用直径为 12～40 mm 的热扎带肋或余热处理钢筋，钢筋的机械性能技术参数如表 2-1 所示。

表 2-1　钢筋的机械性能技术参数

强度级别	钢筋牌号	屈服强度/MPa	抗拉强度/MPa	延伸率/（%）	断后伸长率/（%）
335	HRB335 HRBF335	≥335	≥455	≥17%	≥7.5%
	HRB335E HRBF335E	≥335	≥455	≥17%	≥9%

续表

强度级别	钢筋牌号	屈服强度/MPa	抗拉强度/MPa	延伸率/(%)	断后伸长率/(%)
400	HRB400 HRBF400	≥400	≥540	≥16%	≥7.5%
	HRB400E HRBF400E	≥400	≥540	≥16%	≥9.0%
	RRB400	≥400	≥540	≥14%	≥5.0%
	RRB400W	≥430	≥570	≥16%	≥7.5%
500	HRB500 HRBF500	≥500	≥630	≥15%	≥7.5%
	HRB500E HRBF500E	≥500	≥630	≥15%	≥9.0%
	RRB500	≥500	≥630	≥13%	≥5.0%

注：1. 带"E"钢筋为适用于抗震结构的钢筋，其钢筋实测抗拉强度与实测屈服强度之比不小于1.25；钢筋实测屈服强度与规定的屈服强度特征值之比不大于1.30，最大力总伸长率不小于9%；

2. 带"W"钢筋为可焊接的余热处理钢筋。

2）灌浆套筒

钢筋套筒灌浆连接接头采用的套筒应符合现行行业标准《钢筋连接用灌浆套筒》JG/T 398—2019的规定。

（1）灌浆套筒分类。

①按加工方式分类。

灌浆套筒按加工方式分为铸造灌浆套筒和机械加工灌浆套筒，如图2-25所示。

铸造灌浆套筒   机械加工灌浆套筒

图2-25 灌浆套筒按加工方式分类

②按结构形式分类。

灌浆套筒按结构形式分为全灌浆套筒和半灌浆套筒。

全灌浆套筒接头两端均采用灌浆方式连接钢筋，适用于竖向构件（墙、柱）和横向构件（梁）的钢筋连接，如图2-26、图2-27所示。

半灌浆套筒接头一端采用灌浆方式连接，另一端采用非灌浆方式（通常采用螺纹连接）连接

图 2-26　全灌浆套筒

图 2-27　全灌浆套筒剖面示意图

钢筋,主要适用于竖向构件(墙、柱)的连接,如图 2-28、图 2-29 所示。半灌浆套筒按非灌浆一端连接方式还分为直接滚轧直螺纹灌浆套筒、剥肋滚轧直螺纹灌浆套筒和镦粗直螺纹灌浆套筒。

图 2-28　半灌浆套筒

(2)灌浆套筒型号。

灌浆套筒型号由名称代号、分类代号、主参数代号和产品更新变形代号组成。灌浆套筒主要参数为被连接钢筋的强度级别和直径。灌浆套筒型号表示规则如图 2-30 所示。

如 GTZQ440 表示:采用铸造加工的全灌浆套筒,连接标准屈服强度为 400 MPa、直径为 40 mm 的钢筋。

GTJB536/32A 表示:采用机械加工方式加工的剥肋滚轧直螺纹灌浆套筒,第一次变型,连接

图 2-29　半灌浆套筒剖面示意图

图 2-30　灌浆套筒型号表示规则

标准屈服强度为 500 MPa 的钢筋,灌浆端连接直径为 36 mm 的钢筋,非灌浆端连接直径为 32 mm的钢筋。

（3）灌浆套筒内径与锚固长度。

灌浆套筒灌浆段的最小内径与连接钢筋公称直径的差值不宜小于表 2-2 规定的数值,用于钢筋锚固的深度不宜小于插入钢筋公称直径的 8 倍。

表 2-2　灌浆套筒内径最小尺寸要求

钢筋直径/mm	灌浆套筒灌浆段的最小内径与连接钢筋公称直径差最小值/mm
12～25	10
28～40	15

3）灌浆料

钢筋连接用套筒灌浆料是以水泥为基本材料,配以细骨料,以及混凝土外加剂和其他材料组成的干混料,加水搅拌后具有良好的流动性、早强、高强、微膨胀等性能,填充于套筒和带肋钢筋间隙内,简称"套筒灌浆料"。

（1）灌浆料性能指标。

《钢筋连接用套筒灌浆料》JG/T408—2013 中规定了灌浆料在标准温度和湿度条件下的各

项性能指标的要求,如表 2-3 所示。其中抗压强度值越高,对灌浆接头连接性能越有帮助;流动度越高对施工作业越方便,接头灌浆饱满度越容易保证。

表 2-3　钢筋连接用套筒灌浆料主要性能指标

检 测 项 目		性 能 指 标
流动度/mm	初始	≥300
	30 min	≥260
抗压强度/MPa	1 d	≥35
	3 d	≥60
	28 d	≥85
竖向膨胀率/(%)	3h	≥0.02
	24 h 与 3 h 差值	0.02～0.5
氯离子含量/(%)		≤0.03
泌水率(%)		0

(2)灌浆料使用注意事项。

灌浆料是通过加水拌合均匀后使用的材料,不同厂家的产品配方设计不同,虽然都可以满足《钢筋连接用套筒灌浆料》JG/T 408—2019 所规定的性能指标,但却具有不同的工作性能,对环境条件的适应能力不同,灌浆施工的工艺也会有所差异。

为了确保灌浆料使用时达到其产品设计指标,具备灌浆连接施工所需要的工作性能,并能最终顺利地灌注到预制构件的灌浆套筒内,实现钢筋的可靠连接,操作人员需要严格掌握并准确执行产品使用说明书规定的操作要求。实际施工中需要注意以下几点。

①灌浆料使用时应检查产品包装上印制的有效期和产品外观,无过期情况和异常现象后方可开袋使用。

②加水。浆料拌合时严格控制加水量,必须执行产品生产厂家规定的加水率。

加水过多时,会造成灌浆料泌水、离析、沉淀,多余的水分挥发后形成孔洞,严重降低灌浆料抗压强度。加水过少时,灌浆料胶凝材料部分不能充分发生水化反应,无法达到预期的工作性能。

灌浆料宜在加水后 30 min 内用完,以防后续灌浆遇到意外情况时灌浆料可流动的操作时间不足。

③搅拌。灌浆料与水的拌合应充分、均匀,通常是在搅拌容器内先后依次加入水及灌浆料并使用产品要求的搅拌设备,在规定的时间范围内,将浆料拌合均匀,使其具备应有的工作性能,如图 2-31 所示。

灌浆料搅拌时,应保证搅拌容器的底部边缘死角处的灌浆料干粉与水充分拌合搅拌均匀,然后静置 2～3 min 排气,尽量排出搅拌时卷入浆料的气体,保证最终灌浆料的强度性能。

④流动度检测。灌浆料流动度是保证灌浆连接施工的关键性能指标,灌浆施工环境的温、湿度差异,影响着灌浆的可操作性。在任何情况下,流动度低于要求值的灌浆料都不能用于灌浆连接施工,以防止构件灌浆失败造成事故。

为此在灌浆施工前,应首先进行流动度的检测,在流动度值满足要求后方可施工,施工中注意灌浆时间应短于灌浆料具有规定流动度值的时间(可操作时间)。

图 2-31　搅拌灌浆料

每工作班应检查灌浆料拌合物初始流动度不少于 1 次,确认合格后,方可用于灌浆;留置灌浆料强度检验试件的数量应符合验收及施工控制要求。

⑤灌浆料的强度与养护温度。灌浆料是水泥基制品,其抗压强度增长速度受养护环境的温度影响。

冬期施工灌浆料强度增长慢,后续工序应在灌浆料满足规定强度值后方可进行;而夏季施工灌浆料凝固速度加快,灌浆施工时间必须严格控制。

⑥散落的灌浆料拌合物成分已经改变,不得二次使用;剩余的灌浆料拌合物由于已经发生水化反应,如再次加灌浆料、水后混合使用,可能出现早凝或泌水,故不能使用。

3. 套筒灌浆连接接头性能要求

套筒灌浆连接接头作为一种钢筋机械接头应满足强度和变形性能的要求。

1)套筒灌浆连接接头的强度要求

钢筋套筒灌浆连接接头的屈服强度不应小于连接钢筋屈服强度标准值;抗拉强度不小于连接钢筋抗拉强度标准值,且破坏时要求断于接头外钢筋,即该接头不允许在拉伸时破坏在接头处,如图 2-32、图 2-33、图 2-34 所示。套筒灌浆连接接头在经受规定的高应力和大变形反复拉压循环后,抗拉强度仍应符合以上规定。

图 2-32　断于钢筋

套筒灌浆连接接头单向拉伸、高应力反复拉压、大变形反复拉压试验加载过程中,当接头拉力达到连接钢筋抗拉荷载标准值的 1.15 倍而未发生破坏时,应判为抗拉强度合格,可停止试验。

图 2-33　断于接头

图 2-34　钢筋拉脱

2）套筒灌浆连接接头的变形性能要求

套筒灌浆连接接头的变形性能应符合表 2-4 的规定。当频遇荷载组合下，构件中钢筋应力高于钢筋屈服强度标准值 f_{yk} 的 0.6 倍时，设计单位可对单向拉伸残余变形的加载峰值 μ_0 提出调整要求。

表 2-4　套筒灌浆连接接头的变形性能

项　目		变形性能要求
对中单向拉伸	残余变形/mm	$\mu_0 \leqslant 0.10(d \leqslant 32)$ $\mu_0 \leqslant 0.14(d > 32)$
	最大力下总伸长率（％）	$A_{sgt} \geqslant 6.0$
高应力反复拉压	残余变形/mm	$\mu_{20} \leqslant 0.3$
大变形反复拉压	残余变形/mm	$\mu_d \leqslant 0.3$ 且 $\mu_8 \leqslant 0.6$

4. 套筒灌浆连接接头设计要求

（1）采用套筒灌浆连接时，混凝土结构设计要符合国家现行标准《混凝土结构设计规范》GB 50010、《建筑抗震设计规范》GB 50011、《装配式混凝土结构技术规程》JGJ 1 的有关规定。

（2）采用套筒灌浆连接的构件混凝土强度等级不宜低于 C30。

（3）采用符合《钢筋套筒灌浆连接应用技术规程》JGJ 355—2015 规定的套筒灌浆连接接头时，全部构件纵向受力钢筋可在同一截面上连接。但全截面受拉构件不宜全部采用套筒灌浆连接接头。

（4）混凝土构件中灌浆套筒的净距不应小于 25 mm。

（5）混凝土构件的灌浆套筒长度范围内，预制混凝土柱箍筋的混凝土保护层厚度不应小于 20 mm，预制混凝土墙最外层钢筋的混凝土保护层厚度不应小于 15 mm。

（6）应用套筒灌浆连接接头时，混凝土构件设计还应符合下列规定。

①接头连接钢筋的强度等级不应高于灌浆套筒规定的连接钢筋强度等级。

②接头连接钢筋的直径规格不应大于灌浆套筒规定的连接钢筋直径规格，且不宜小于灌浆套筒规定的连接钢筋直径规格一级以上。

钢筋直径不得大于套筒规定的连接钢筋直径，是因为套筒内锚固钢筋灌浆料可能过薄而锚固性能降低，除非以充分试验证明其接头施工可靠性和连接性能满足设计要求。灌浆连接的钢筋直径规格不应小于其规定的直径规格一级以上，除由于套筒预制端的钢筋是居中的，现场安装时连接的钢筋直径越小，套筒两端钢筋轴线的极限偏心越大，而连接钢筋偏心过大即可能对构件承载带来不利影响,还可能由于套筒内壁距离钢筋较远而使钢筋锚固约束的刚性下降,接头连接强度下降。同样如果有充分的试验验证后,套筒规定的连接钢筋直径范围扩大,套筒两端连接的钢筋直径就可以相差一个直径规格以上。

③构件配筋方案应根据灌浆套筒外径、长度及灌浆施工要求确定。

④构件钢筋插入灌浆套筒的锚固长度应符合灌浆套筒参数要求。

⑤竖向构件配筋设计应结合灌浆孔、出浆孔位置。

⑥底部设置键槽的预制柱,应在键槽处设置排气孔。

5. 套筒灌浆连接接头型式检验

1）型式检验条件

属于下列情况时,应进行接头型式检验:

（1）确定接头性能时;

（2）灌浆套筒材料、工艺、结构改动时;

（3）灌浆料型号、成分改动时;

（4）钢筋强度等级、肋形发生变化时;

（5）型式检验报告超过 4 年。

接头型式检验明确要求试件用钢筋、灌浆套筒、灌浆料应符合《钢筋套筒灌浆连接应用技术规程》JGJ 355—2015 对于材料的各项要求。

2）型式检验试件数量与检验项目

（1）对中接头试件 9 个,其中 3 个做单向拉伸试验、3 个做高应力反复拉压试验、3 个做大变形反复拉压试验。

（2）偏置单向拉伸接头试件 3 个,做单向拉伸试验

（3）钢筋试件 3 个,做单向拉伸试验。

（4）全部试件的钢筋应在同一炉（批）号的 1 根或 2 根钢筋上截取;接头试件钢筋的屈服强度和抗拉强度偏差不宜超过 30 MPa。

3）型式检验灌浆接头试件制作要求

型式检验的套筒灌浆连接接头试件要在检验单位监督下由送检单位制作,且符合以下规定。

（1）3 个偏置单向拉伸接头试件应保证一端钢筋插入灌浆套筒中心,一端钢筋偏置后钢筋横肋与套筒壁接触。下图 2-35 所示为偏置单向拉伸接头的钢筋偏置示意图。

图 2-35 偏置单向拉伸接头的钢筋偏置示意图

1—在套筒内偏置的连接钢筋;2—浆料;3—灌浆套筒

9个对中接头试件的钢筋均应插入灌浆套筒中心。

所有接头试件的钢筋应与灌浆套筒轴线重合或平行,钢筋在灌浆套筒内的插入深度应为灌浆套筒的设计锚固深度。图 2-36 所示为灌浆接头抗拉试验试件。

图 2-36　灌浆接头抗拉试验试件

(2) 接头应按《钢筋套筒灌浆连接应用技术规程》JGJ 355—2015 的有关规定进行灌浆;对于半套筒灌浆连接,机械连接端的加工应符合《钢筋机械连接技术规程》JGJ 107—2016 的有关规定。

(3) 采用灌浆料拌合物制作的 40 mm×40 mm×160 mm 试件不应少于 1 组,并宜留设不少于 2 组。

(4) 接头试件及灌浆料试件应在标准养护条件下养护。

(5) 接头试件在试验前不应进行预拉。

灌浆料为水泥基制品,其最终实际抗压强度将是在一定范围内的数值,只有型检接头试件的灌浆料实际抗压强度在其设计强度的最低值附近时,接头才能反映出接头性能的最低状态,如果该试件能够达到规定性能,则实际施工中的同样强度的灌浆料连接的接头才能被认为是安全的。《钢筋套筒灌浆连接应用技术规程》JGJ 355—2015 要求型式检验接头试件在试验时,灌浆料抗压强度不应小于 80 N/mm²,且不应大于 95 N/mm²;如灌浆料 28d 抗压强度的合格指标(f_g)高于 85 N/mm²,试验时的灌浆料抗压强度低于 28d 抗压强度合格指标(f_g)的数值不应大于 5 N/mm²,且超过 28d 抗压强度合格指标(f_g)的数值不应大于 10 N/mm² 与 $0.1f_g$ 两者的较大值。

4) 套筒灌浆接头的型式检验试验方法

《钢筋套筒灌浆连接应用技术规程》JGJ 355—2015 对灌浆接头型式检验的试验方法和要求与《钢筋机械连接技术规程》JGJ 107—2016 的有关规定基本相同,但由于灌浆接头的套筒长度为 11～17 倍钢筋直径,远远大于其他机械连接接头,进行型式检验的大变形反复拉压试验时,如按照《钢筋机械连接技术规程》JGJ 107—2016 规定的变形量控制,套筒本体几乎没有变形,要依靠套筒外的 4 倍钢筋直径长度的变形达到 10 多倍钢筋直径的变形量对灌浆接头来说过于严苛,经试验研究后将本项试验的变形量计算长度 L_g 进行了适当的折减,其中:

全套筒灌浆连接:

$$L_g = \frac{L}{2} + 4d_s$$

半套筒灌浆连接:

$$L_g + \frac{L}{4} + 4d_s$$

式中:L——灌浆套筒长度;

d_s——钢筋公称直径。

型式检验接头的灌浆料抗压强度符合规定,且型式检验试验结果符合要求时,才可评为合格。

2.3.2 浆锚搭接连接

1.基本原理

传统现浇混凝土结构的钢筋搭接一般采用绑扎连接或直接焊接等方式。而装配式结构预制构件之间的连接除了采用钢套筒连接以外,有时也采用钢筋浆锚连接的方式。与钢套筒连接相比钢筋浆锚连接同样安全可靠、施工方便,成本相对较低。

钢筋浆锚连接的受力机理是将拉结钢筋锚固在预留孔内,通过高强度无收缩水泥砂浆的灌浆后实现力的传递。也就是说钢筋中的拉力是通过剪力传递到灌浆料中,再传递到周围的预制混凝土之间的界面中去,也称之为间接锚固或间接搭接。这种搭接技术在欧洲有多年的应用历史,我国已有多家单位对间接搭接技术进行了一定数量的研究工作,如哈尔滨工业大学、黑龙江宇辉新型建筑材料有限公司等对这种技术进行了大量试验研究,也取得了许多试验研究成果。

2.浆锚搭接预留孔洞的成型方式

(1)埋置螺旋的金属内模,构件达到强度后旋出内模。

(2)预埋金属波纹管做内模,完成后不抽出。

通过对两种成型方式对比,采用金属内膜旋出时容易造成孔壁损坏,也比较费工,因此金属波纹管方式可靠简单,如图 2-37 所示。

(a)螺旋箍筋浆锚搭接

(b)波纹管浆锚搭接

图 2-37　浆锚搭接连接方式

3.浆锚搭接连接的种类

按照预留孔洞的成型方式不同,浆锚搭接连接可以分为钢筋约束浆锚搭接连接和金属波纹管浆锚搭接连接。

1)钢筋约束浆锚搭接连接

钢筋约束浆锚搭接连接是基于黏结锚固原理进行连接的方法,在竖向结构构件下段范围内预留出竖向孔洞,孔洞内壁表面留有螺纹状粗糙面,周围配有横向约束螺旋箍筋,将下部装配式预制构件预留钢筋插入孔洞内,通过灌浆孔注入灌浆料将上下构件连接成一体的连接方式,如图 2-38 所示。

图 2-38　钢筋约束浆锚搭接连接

2）金属波纹管浆锚搭接连接

金属波纹管浆锚搭接连接是在竖向应用的预制混凝土构件中,首先在构件下端部预埋连接钢筋外绑设一条大口径金属波纹管,金属波纹管贴紧预埋连接钢筋并延伸到构件下端面形成一个波纹管孔洞,波纹管另一端向上从预制构件侧壁引出。构件在现场安装时,将另一构件的连接钢筋全部插入该构件上对应的波纹管内后,从波纹管上方孔注入高强灌浆料,灌浆料充满波纹管与连接钢筋的间隙,灌浆料凝固后即形成一个钢筋搭接锚固接头,实现两个构件之间的钢筋连接。图 2-39 所示为金属波纹管浆锚搭接连接示意图。图 2-40 所示为预制外墙板间竖向钢筋的金属波纹管浆锚搭接连接,其中外墙拼缝截面采用内高外低的防雨水渗漏构造。

图 2-39　金属波纹管浆锚搭接连接

4. 浆锚搭接灌浆料

灌浆料是以水泥为基本原料,其性能应符合表 2-5 的规定。

表 2-5　浆锚搭接灌浆料性能要求

检 测 项 目		性 能 指 标
流动度/mm	初始	≥200
	30 min	≥150
抗压强度/MPa	1d	≥35
	3d	≥55
	28d	≥80
竖向自由膨胀率/(%)	24h 与 3h 差值	0.02～0.5
氯离子含量/(%)		0.06

图 2-40　预制外墙板间竖向钢筋的金属波纹管浆锚搭接连接

5.浆锚搭接连接的要求

钢筋采用浆锚搭接连接时,可在下层预制构件中设置竖向连接钢筋与上层预制构件内的连接钢筋通过浆锚搭接连接。纵向钢筋采用浆锚搭接连接时,对预留孔成孔工艺、孔道形状和长度、构造要求、灌浆料和被连接的钢筋,应进行力学性能以及适用性的试验验证。直径大于20 mm 的钢筋不宜采用浆锚搭接连接,直接承受动力荷载构件的纵向钢筋不应采用浆锚搭接连接。连接钢筋可在预制构件中通长设置,或在预制构件中可靠的锚固。

2.3.3　后浇混凝土连接

后浇混凝土是指预制构件安装后在预制构件连接区域或叠合层现场浇筑的混凝土。

后浇混凝土连接是装配式混凝土结构中非常重要的连接方式,基本上所有的装配式混凝土结构建筑都会有后浇混凝土。

后浇混凝土钢筋连接是后浇混凝土连接节点最重要的环节。后浇混凝土钢筋连接方式可采用现浇结构钢筋的连接方式,主要包括机械螺纹套筒连接、钢筋搭接、钢筋焊接等。

为加强预制部件与后浇混凝土之间的连接,预制混凝土构件与后浇混凝土的接触面须做成粗糙面或键槽面,或两者兼有,以提高混凝土的抗剪能力,如图 2-41 所示。

平面、粗糙面和键槽面混凝土抗剪能力的比例为 1：1.6：3,即粗糙面的抗剪能力是平面的 1.6 倍,键槽面的抗剪能力是平面的 3 倍。

粗糙面的处理方法有以下几种。

(1) 人工凿毛法:人工使用铁锤和凿子剔除预制构件结合面的表皮,露出碎石骨料。

(2) 机械凿毛法:使用专门的小型凿岩机配置梅花平头钻,剔除结合面混凝土表皮。

(3) 缓凝水冲法:在预制构件混凝土浇筑前,将含有缓凝剂的浆液涂刷在模板上,浇筑混凝土后,利用已浸润缓凝剂的表面混凝土与内部混凝土的缓凝时间差,用高压水冲洗未凝固的表层混凝土,冲掉表面浮浆露出骨料形成粗糙表面。

(a)键槽

(b)粗糙面

图 2-41　接触面处理

《装配式混凝土结构设计规程》中对预制构件与后浇混凝土、灌浆料、坐浆材料的结合面应设置粗糙面、键槽,作下列规定。

(1)预制板与后浇混凝土叠合层之间的结合面应设置粗糙面。

(2)预制梁与后浇混凝土叠合层之间的结合面应设置粗糙面,预制梁端面应设置键槽且宜设置粗糙面,如图 2-42 所示。键槽的尺寸和数量应按规程的规定计算确定;键槽的深度 t 不宜小于 30 mm,宽度 w 不宜小于深度的 3 倍且不宜大于深度的 10 倍;键槽可贯通截面,当不贯通时槽口距离截面边缘不宜小于 50 mm;键槽间距宜等于键槽宽度;键槽端部斜面倾角不宜大于 30°。

(3)预制剪力墙的顶部和底部与后浇混凝土的结合面应设置粗糙面;侧面与后浇混凝土的结合面应设置粗糙面,也可设置键槽;键槽深度 t 不宜小于 20 mm,宽度 w 不宜小于深度的 3 倍且不宜大于深度的 10 倍,键槽间距宜等于键槽宽度,键槽端部斜面倾角不宜大于 30°。

(4)预制柱的底部应设置键槽且宜设置粗糙面,键槽应均匀布置,键槽深度不宜小于 30 mm,键槽端部斜面倾角不宜大于 30°。柱顶应设置粗糙面。

(5)粗糙面的面积不宜小于结合面的 80%,预制板的粗糙面凹凸深度不应小于 4 mm,预制梁端、预制柱端、预制墙端的粗糙面凹凸深度不应小于 6 mm。

图 2-42　梁端键槽构造示意图

1—键槽;2—梁端面

课后练习

一、单选题

1. 下列选项不属于预制结构构件的是（　　　）。

A. 预制外挂墙板　　　　B. 预制柱　　　　　　C. 预制叠合楼板　　　　D. 预制叠合梁

2. 下列钢筋直径不宜采用浆锚搭接连接的是（　　　）。

A. 14 mm　　　　　　B. 16 mm　　　　　　C. 20 mm　　　　　　D. 22 mm

3. 外挂墙板与主体结构采用点支承连接时,在外力作用下,外挂墙板相对主体结构在墙板平面内应（　　　）。

A. 能水平滑动或转动　　　　　　　　　B. 能竖直滑动或转动

C. 水平、竖直均可滑动或转动　　　　　D. 不能滑动

4. 装配式结构采用焊接或螺栓连接时,应对外露铁件采取（　　　）和（　　　）的措施。

A. 防潮,防火　　　　B. 防冻,防水　　　　C. 防腐,防火　　　　D. 防潮,防冻

5. 当预制剪力墙竖向钢筋采用套筒灌浆连接时,已知套筒长度100mm（套筒底部至套筒顶部的距离）,则预制剪力墙水平分布钢筋加密区的高度是（　　　）。

A. 150 mm　　　　　B. 200 mm　　　　　C. 300 mm　　　　　D. 400 mm

6. 套筒灌浆连接接头单向拉伸、高应力反复拉压、大变形反复拉压试验加载过程中,当接头拉力达到连接钢筋抗拉荷载标准值的（　　　）倍而未发生破坏时,应判为抗拉强度合格,可停止试验。

A. 1.1　　　　　　　B. 1.15　　　　　　　C. 1.2　　　　　　　D. 1.25

7. 预制剪力墙竖向钢筋采用浆锚搭接连接时,孔道之间的水平净间距不宜小于（　　　）mm。

A. 20　　　　　　　B. 25　　　　　　　C. 30　　　　　　　D. 50

8. 当预制剪力墙竖向钢筋采用套筒灌浆连接时,已知抗震等级为三、四级,则下列加密区水平分布钢筋的直径不满足要求的是（　　　）。

A. 6 mm　　　　　　B. 8 mm　　　　　　C. 10 mm　　　　　　D. 12 mm

9. 钢筋套筒灌浆连接及浆锚搭接连接用的灌浆料应满足设计要求,每工作班应制作的试件,其尺寸为（　　　）。

A. 40 mm×40 mm×160 mm　　　　　　B. 70.7 mm×70.7 mm×70.7 mm

C. 100 mm×100 mm×100 mm　　　　　D. 150 mm×150 mm×150 mm

10. 下列关于叠合板设计说法错误的是（　　　）。

A. 叠合板的预制板厚度不宜小于60 mm

B. 后浇混凝土叠合层厚度不应小于60 mm

C. 当叠合板的预制板采用空心板时,板端空腔应封堵

D. 板厚大于180 mm的叠合板,不宜采用混凝土空心板

11. 预制柱的纵向受力钢筋直径不宜小于（　　　）mm。

A. 16　　　　　　　B. 18　　　　　　　C. 20　　　　　　　D. 22

12. 叠合梁可采用对接连接,梁下部纵向钢筋在后浇段内不宜采用哪个连接(　　)。

　　A. 机械连接　　　　　B. 套筒灌浆连接　　　　C. 焊接连接　　　　　　D. 绑扎连接

13. 叠合梁采用对接连接时连接处设置后浇带,已知纵向受力钢筋直径为 18 mm,下列后浇带内的箍筋间距符合要求的是(　　)。

　　A. 90 mm　　　　　　B. 100 mm　　　　　　C. 150 mm　　　　　　D. 200 mm

14. 预制柱的底部应设置键槽且设置粗糙面,下列键槽深度满足要求的是(　　)。

　　A. 10 mm　　　　　　B. 15 mm　　　　　　C. 25 mm　　　　　　D. 35 mm

15. 钢筋套筒灌浆连接及浆锚搭接连接用的灌浆料应满足设计要求,每工作班应制作一组且每层不应小于(　　)组试件。

　　A. 3　　　　　　　　B. 4　　　　　　　　C. 5　　　　　　　　D. 6

16. 下列哪种类型的钢筋不可用于装配式混凝土结构的纵向钢筋,钢筋采用浆锚搭接连接(　　)。

　　A. 直径 18 mm　　　　B. 直径 16 mm　　　　C. 直径 20 mm　　　　D. 直接承受动力荷载的构件

17. 下列关于外墙挂板构造说法错误的是(　　)。

　　A. 外墙挂板采用双层双向配筋

　　B. 外墙挂板的厚度为 100 mm

　　C. 外墙挂板竖向和水平钢筋的间距为 250 mm

　　D. 外墙挂板竖向和水平钢筋的配筋率为 0.15%,且钢筋直径为 5 mm

18. 以下哪个选项可以将外叶墙板的混凝土重量传递到内叶承重墙板上(　　)。

　　A. 螺栓　　　　　　　B. 钢筋　　　　　　　C. 拉结件　　　　　　D. 保温板

19. 多层装配式墙板结构的预制墙板厚度不宜小于(　　)mm。

　　A. 100　　　　　　　B. 120　　　　　　　C. 140　　　　　　　D. 200

20. 预制梁端面应设置键槽且宜设置粗糙面。键槽的深度不宜小于(　　)mm,宽度不宜小于深度的 3 倍且不宜大于深度的 10 倍。

　　A. 10　　　　　　　　B. 20　　　　　　　　C. 30　　　　　　　　D. 40

21. 预制构件的混凝土强度等级不宜低于(　　)。

　　A. C30　　　　　　　B. C40　　　　　　　C. C35　　　　　　　D. C45

22. 灌浆施工中,需要检验灌浆料的(　　)抗压强度并应符合 JG/T 408—2019 有关规定。

　　A. 3d　　　　　　　　B. 7d　　　　　　　　C. 14d　　　　　　　D. 28d

23. 《装配式混凝土结构技术规程》要求,"预制梁端、预制柱端、预制墙端的粗糙面凹凸深度不应小于(　　),粗糙面的面积不宜小于结合面的(　　)"。

　　A. 6 mm,100%　　　B. 6 mm,80%　　　　C. 30 mm,100%　　　D. 30 mm,80%

24. 不属于预制构件结合面粗糙化处理工艺的是(　　)。

　　A. 水洗法　　　　　　B. 拉毛　　　　　　　C. 压花　　　　　　　D. 喷砂

25. 预制装配式结构应用最广的构件连接技术是(　　)。

　　A. 钢筋套筒灌浆　　　B. 钢筋直螺纹　　　　C. 螺栓连接　　　　　D. 浆锚搭接

26. 日本的 PC 主要应用在装配式框架结构中,采用(　　)方式压接,属装配速度快的"干节点"。

　　A. 焊接　　　　　　　　B. 机械锚固　　　　　　C 预应力　　　　　　　　D. 灌浆

27. 连接件是保证装配整体式夹芯剪力墙和夹芯外墙的内、外叶墙板可靠连接的重要部件。不是常用的连接件有(　　)。

　　A. 钢筋连接件　　　　　B. FRP 连接件　　　　　C. 玄武岩筋连接件　　　D. 不锈钢连接件

28. 对于叠合板来说,浇筑完混凝土之后,应该在什么时期对混凝土表面做粗糙面(　　)。

　　A. 刚浇筑完混凝土时　　B. 混凝土初凝前　　　　C. 混凝土初凝后　　　　D. 混凝土终凝后

29. 纵向钢筋采用浆锚搭接连接时,直径大于(　　)的钢筋不宜采用浆锚搭接连接。

　　A. 8 mm　　　　　　　　B. 12 mm　　　　　　　C. 16 mm　　　　　　　D. 20 mm

30. 单向叠合板的板侧支座处,当板底分布钢筋不伸入支座时,在板的后浇混凝土叠合层内锚固长度不应小于(　　)。

　　A. 5d　　　　　　　　　B. 8d　　　　　　　　　C. 10d　　　　　　　　D. 15d

31. 外挂墙板与主体结构采用线支撑连接时,外挂墙板顶部与梁连接,且固定连接区段应避开梁端(　　)梁高长度范围。

　　A. 0.5 倍　　　　　　　B. 1 倍　　　　　　　　C. 1.5 倍　　　　　　　D. 2 倍

32. 楼层内相邻预制剪力墙之间应采用整体式接缝连接,当接缝位于纵横墙交接处的构造边缘构件区域时,构造边缘构件宜全部采用后浇混凝土,当仅在一面墙上设置后浇段时,后浇段的长度不宜小于(　　)。

　　A. 300 mm　　　　　　B. 250 mm　　　　　　C. 200 mm　　　　　　D. 150 mm

33. 预制剪力墙竖向钢筋采用浆锚搭接连接时,竖向钢筋连接长度范围内的水平分布钢筋应加密,加密范围自剪力墙底部至预留灌浆孔道顶部,且不应小于(　　)。

　　A. 300 mm　　　　　　B. 250 mm　　　　　　C. 200 mm　　　　　　D. 150 mm

34. 灌浆料同条件养护试件抗压强度达到(　　)N/mm² 后,方可进行对接头有扰动的后续施工。

　　A. 15　　　　　　　　　B. 25　　　　　　　　　C. 35　　　　　　　　　D. 45

35. 当预制外墙采用夹芯墙板时,外叶墙板厚度不应小于(　　)mm,且外叶墙板应与内叶墙板可靠连接。

　　A. 20　　　　　　　　　B. 30　　　　　　　　　C. 50　　　　　　　　　D. 80

36. 下列关于外墙挂板构造说法错误的是(　　)。

　　A. 外墙挂板采用双层双向配筋

　　B. 外墙挂板的厚度为 100 mm

　　C. 外墙挂板竖向和水平钢筋的间距为 250 mm

　　D. 外墙挂板竖向和水平钢筋的配筋率为 0.15%,且钢筋直径为 5 mm

37. 当预制混凝土柱采用套筒灌浆连接或浆锚搭接连接等方式时,套筒或搭接段上端第一道箍筋距离套筒或搭接顶部不应大于(　　)。

　　A. 20 mm　　　　　　　B. 30 mm　　　　　　　C. 40 mm　　　　　　　D. 50 mm

38. 下列关于装配式混凝土结构用材料说法错误的是( )。

A. 预制构件的混凝土强度等级不宜低于 C30

B. 现浇混凝土的强度等级不应低于 C25

C. 普通钢筋采用套筒灌浆连接和浆锚搭接连接时,钢筋应采用热轧带肋钢筋

D. 预制构件的吊环应采用未经加工的 HPB235 级钢筋制作

39. 下列关于叠合板设计说法错误的是( )。

A. 叠合板的预制板厚度不宜小于 60 mm,后浇混凝土

B. 叠合板厚度不应小于 60 mm

C. 跨度大于 3 m 的叠合板,宜采用桁架钢筋混凝土叠合板

D. 板厚大于 180 mm 的叠合板,不宜采用混凝土空心板

40. 钢筋套筒灌浆连接及浆锚搭接连接用的灌浆料应满足设计要求,每工作班应制作一组且每层不应小于 3 组试件,其尺寸为( )。

A. 40 mm×40 mm×160 mm

B. 70.7 mm×70.7 mm×70.7 mm

C. 100 mm×100 mm×100 mm

D. 150 mm×150 mm×150 mm

41. 下列关于预制楼梯说法错误的是( )。

A. 预制楼梯宜一端设置固定铰,另一端设置滑动铰

B. 预制楼梯设置滑动铰的端部应采取防止滑落的构造措施

C. 抗震设防烈度为 6 度时预制楼梯在支承构件上的最小搁置长度为 100 mm

D. 预制楼梯与支承构件之间宜采用简支连接

42. 某预制墙编号为 WQC1-3028-1514,下列说法正确的是( )。

A. 此预制外墙高度为 3000 mm

B. 此预制内墙宽度为 3000 mm

C. 此预制外墙层高为 2800 mm

D. 此预制外墙的门/窗洞口为:高 1500 mm,宽 1400 mm

43. 预制构件中外露预埋件凹入构件表面的深度不宜小于( )。

A. 10 mm

B. 15 mm

C. 20 mm

D. 25 mm

44. 预制剪力墙的顶部和底部与后浇混凝土的结合面应设置粗糙面;侧面与后浇混凝土的结合面应设置粗糙面,也可设置键槽;键槽深度 t 不宜小于( )mm。

A. 10

B. 15

C. 20

D. 25

45. 钢筋套筒挤压连接属于下列哪种连接方式( )。

A. 焊接连接

B. 机械连接

C. 绑扎连接

D. 套筒灌浆连接

46. 当预制外墙采用夹芯墙板时,外叶墙板厚度不应小于( )mm,且外叶墙板应与内叶墙板可靠连接。

A. 30

B. 50

C. 80

D. 100

47. 下列关于外墙挂板构造说法错误的是( )。

A. 外墙挂板的厚度为 100 mm

B. 外墙挂板采用双层双向配筋

C. 外墙挂板竖向和水平钢筋的配筋率为 0.15%,且钢筋直径为 5 mm

D. 外墙挂板竖向和水平钢筋的间距为 250 mm

48.钢筋套筒挤压连接属于下列哪种连接方式（　　）。

A.焊接连接　　　　　　B.机械连接　　　　　　C.绑扎连接　　　　　　D.套筒灌浆连接

49.预制外墙接缝竖缝宜采用（　　）构造。

A.平口　　　　　　　　B.槽口或企口　　　　　　C.平口或槽口　　　　　　D.平口或企口

二、多选题

1.当预制剪力墙竖向钢筋采用套筒灌浆连接时,下列说法正确的有哪些（　　）。

A.自套筒底部至套筒顶部向上延伸 500 mm 范围内,预制剪力墙的水平分布钢筋应加密

B.抗震等级为一级的预制剪力墙加密区水平分布钢筋直径为 6 mm

C.抗震等级为二级的预制剪力墙加密区水平分布钢筋间距为 80 mm

D.套筒第一道水平分布钢筋距离套筒顶部不应大于 50 mm

E.套筒第一道水平分布钢筋距离套筒顶部不应大于 20 mm

2.装配整体式结构中,节点及接缝处的纵向钢筋连接宜根据接头受力、施工工艺等要求,不可选用哪些连接方式（　　）。

A.机械连接　　　　　B.套筒灌浆连接　　　　　C.浆锚搭接连接　　　　　D.焊接连接

E.绑扎搭接连接

3.在装配整体式剪力墙结构中,预制剪力墙竖向钢筋采用套筒灌浆连接时,剪力墙加密区的水平分布钢筋规格及最大间距要求正确的有哪几项（　　）。

A.抗震等级为一级,最大间距为 150 mm

B.抗震等级为二级,最大间距为 100 mm

C.抗震等级为三级,最大间距为 100 mm

D.抗震等级为四级,最大间距为 150 mm

E.抗震等级为一、二、三、四级,最小直径都为 8 mm

4.当预制剪力墙竖向钢筋采用套筒灌浆连接时,已知抗震等级为三、四级,则下列加密区水平分布钢筋的直径满足要求的有哪些（　　）。

A.6 mm　　　　　　　B.8 mm　　　　　　　C.10 mm　　　　　　　D.12 mm

E.14 mm

5.预制构件纵向钢筋宜在后浇混凝土内直线锚固;当直线锚固长度不足时,可采用（　　）。

A.焊接　　　　　　　B.弯折　　　　　　　C.机械锚固　　　　　　D.对接

E.化学锚栓

6.下列轻质隔墙系统的规定中正确的是（　　）。

A.宜结合室内管线的敷设进行构造设计

B.构造设计应避免管线安装、维修更换,可适当破坏墙体

C.应满足不同功能房间的隔音要求

D.应在吊挂空调、画框等部位设置加强板或采取其他可靠加固措施

7.钢结构的连接方法包括（　　）。

A.对拉连接　　　　　B.焊接连接　　　　　C.搭接连接　　　　　D.螺栓连接

E.铆钉连接

三、判断题

1. 预制构件的吊环应采用未经冷加工的 HPB300 级钢筋制作。吊装用内埋式螺母或吊杆的材料应符合国家现行相关标准的规定。（　　）

2. 预制外挂墙板是指安装在主体结构上，起围护、装饰作用的非承重预制混凝土外墙板。（　　）

3. 钢筋套筒灌浆连接是指在预制混凝土构件中预留孔道，在孔道中插入需搭接的钢筋，并灌注水泥基灌浆料而实现的钢筋搭接连接方式。（　　）

4. 次梁与主梁宜采用铰接连接，也可采用刚接连接。（　　）

5. 当次梁不直接承受动力荷载且跨度不大于 10m 时，可采用钢企口与主梁连接。（　　）

6. 在装配整体式剪力墙结构中，上下层预制剪力墙的竖向钢筋，当采用套筒灌浆连接和浆锚搭接连接时，边缘构件竖向钢筋必须逐根连接。（　　）

7. 预制构件拼接部位的混凝土强度等级不应低于预制构件的混凝土强度等级。（　　）

8. 预制部位套筒灌浆连接对剪力墙破坏形态影响较小，主要与截面竖向钢筋连接方式有关。（　　）

9. 贴面砖的预制外墙板，简称 PCF 技术，是在预制工厂进行外墙板的预制，在装配完成后，在施工现场进行外墙面砖的铺设。（　　）

10. 预制叠合板相比于现浇楼板，表面更加光滑和平整，预制叠合板在各个方面均比现浇楼板更加有优势。（　　）

11. 跨度大于 6m 的叠合板，宜采用桁架钢筋混凝土叠合板。（　　）

12. 对框架顶层端节点，梁下部纵向受力钢筋应锚固在后浇节点区内，且宜采用锚固板的锚固方式。（　　）

13. 叠合板的预制板与后浇混凝土叠合层之间设置的抗剪构造钢筋宜采用马镫形状，间距不宜大于 300 mm，钢筋直径不应小于 6 mm。（　　）

14. 桁架钢筋混凝土叠合板中桁架钢筋应沿主要受力方向布置。（　　）

15. 在装配整体式剪力墙结构中，上下层预制剪力墙的竖向钢筋，当采用套筒灌浆连接和浆锚搭接连接时，边缘构件竖向钢筋必须逐根连接。（　　）

16. 单向叠合板板侧的分离式接缝，接缝处紧邻预制板顶面宜设置垂直于板缝的附加钢筋，附加钢筋伸入两侧后浇混凝土叠合层的锚固长度不应小于 $10d$（d 为附加钢筋直径）。（　　）

17. 直径大于 20 mm 的钢筋不宜采用浆锚搭接连接，直接承受动力荷载构件的纵向钢筋不应采用浆锚搭接连接。（　　）

18. 预制柱的底部和顶部应设置键槽且宜设置粗糙面，键槽应均匀布置，键槽深度不宜小于 30 mm，键槽端部斜面倾角不宜大于 30°。（　　）

19. 预制构件节点及接缝处后浇混凝土强度等级可与预制构件的混凝土强度等级相等。（　　）

四、简答题

1. 装配式混凝土常用的预制构件有哪些？

2. 装配式混凝土构件常用的连接方式有哪些？

3. 什么是钢筋套筒灌浆连接？如何分类？

Chapter 3

项目 3 装配式混凝土建筑设计技术

 3.1 建筑设计 ···

装配式混凝土建筑应遵循建筑全周期的可持续性原则,并应满足模数协调、标准化设计和集成设计等要求。

3.1.1 模数协调

装配式混凝土建筑设计应采用模数来协调结构构件、内装部品、设备与管线之间的尺寸关系,做到部品部件设计、生产和安装等相互间尺寸协调,减少和优化各部品部件的种类和尺寸。

模数协调是建筑部品部件实现通用性和互换性的基本原则,使规格化、通用化的部品部件适用于常规的各类建筑,满足各种要求。大量的规格化、定型化部品部件的生产可稳定质量,降低成本。通用化部件所具有的互换能力,可促进市场的竞争和生产水平的提高。

装配式混凝土建筑的开间与柱距、进深与跨度、门窗洞口宽度等宜采用水平扩大模数数列 $2n\text{M}$、$3n\text{M}$(n 为自然数)。层高和门窗洞口高度等宜采用竖向扩大模数数列 $n\text{M}$。梁、柱、墙等部件的截面尺寸宜采用竖向扩大模数数列 $n\text{M}$。内装系统中的装配式隔墙、整体收纳空间和管道井等单元模块化部品宜采用基本模数,也可插入分模数数列 $n\text{M}/2$ 或 $n\text{M}/5$ 进行调整。构造节点和部件的接口尺寸宜采用分模数数列 $n\text{M}/2$、$n\text{M}/5$、$n\text{M}/10$(M 是模数协调的最小单位,$1\text{M}=100\ \text{mm}$)。

装配式混凝土建筑的开间、进深、层高、洞口等尺寸应根据建筑类型、使用功能、部品部件生产与装配要求等确定。

装配式混凝土建筑的定位宜采用中心定位法与界面定位法相结合的方法。对于部件的水平定位宜采用中心定位法。部件的竖向定位和部品的定位宜采用界面定位法。

装配式混凝土建筑应严格控制预制构件、预制与现浇构件之间的建筑公差。部品部件尺寸及安装位置的公差协调应根据生产装配要求、主体结构层间变形、密封材料变形能力、材料干缩、温差变形、施工误差等确定。接缝的宽度应满足主体结构层间变形、密封材料变形能力、施工误差、温差变形等的要求,防止接缝漏水等质量事故发生。

3.1.2 标准化设计

建筑中相对独立,具有特定功能,能够通用互换的单元称为模块。装配式混凝土建筑应采用模块及模块组合的设计方法,遵循少规格、多组合的原则。公共建筑应采用楼电梯、公共卫生间、公共管井基本单元等模块进行组合设计。住宅建筑应采用楼电梯、公共管井、集成式厨房、集成式卫生间等模块进行组合设计。

装配式混凝建筑部品部件的接口应具有统一的尺寸规格与参数,模数协调。这样的接口称作标准化接口。

装配式建筑设计应重视其平面、立面和剖面的规则性,宜优先选用规则的形体,同时便于工厂化、集约化生产加工,可提高工程质量,并降低工程造价。装配式混凝土建筑平面设计应采用大开间大进深、空间灵活可变的布置方式;平面布置应规则,承重构件布置应上下对齐贯通,外墙洞口宜规整有序;设备与管线宜集中设置,并应进行管线综合设计。在装配式混凝土建筑立面设计中,外墙、阳台板、空调板、外窗、遮阳设施及装饰等部品部件宜进行标准化设计;宜通过建筑体量、材质肌理、色彩等变化,形成丰富多样的立面效果;装饰面层宜采用清水混凝土、装饰混凝土、免抹灰涂料和反打面砖等耐久性强的建筑材料。

装配式混凝土建筑应根据建筑功能、主体结构、设备管线及装修等要求,确定合理的层高及净高尺寸。

3.1.3 集成设计

集成设计是指建筑结构系统、外围护系统、设备与管线系统、内装系统一体化的设计。装配式混凝土建筑应进行集成设计,提高集成度、施工精度和效率。各系统设计应统筹考虑材料性能、加工工艺、运输限制、吊装能力等要求。

结构系统宜采用功能复合度高的部件进行集成设计,优化部件规格;应满足部件加工、运输、堆放、安装的尺寸和重量要求。

外围护系统应对外墙板、幕墙、外门窗、阳台板、空调板及遮阳部件等进行集成设计;应采用提高建筑性能的构造连接措施,并宜采用单元式装配外墙系统。

设备与管线系统应集成设计。给水排水、暖通空调、电气智能化、燃气等设备与管线应综合设计;宜选用模块化产品,接口应标准化,并应预留扩展条件。

内装设计应与建筑设计、设备与管线设计同步进行;内装系统宜采用装配式楼地面、墙面、吊顶等部品系统;住宅建筑宜采用集成式厨房、集成式卫生间及整体收纳等部品系统。

接口及构造设计也应进行集成设计。结构系统部件、内装部品部件和设备管线之间的连接方式应满足安全性和耐久性要求;结构系统与外围护系统宜采用干式工法连接,其接缝宽度应满足结构变形和温度变形的要求;部品部件的构造连接应安全可靠,接口及构造设计应满足施工安装与使用维护的要求;应确定适宜的制作公差和安装公差设计值;设备管线接口应避开预制构件受力较大部位和节点连接区域。

3.1.4 其他

装配式混凝土建筑设计宜建立信息化协同平台,采用标准化的功能模块、部品部件等信息库,统一编码、统一规则,全专业共享数据信息,实现建设全过程的管理和控制。

装配式混凝土建筑应满足建筑全寿命期的使用维护要求,宜采用管线分离的方式。

装配式混凝土建筑应满足国家现行标准有关防火、防水、保温、隔热及隔音等要求。

3.2 结构设计

结构系统是指由于结构构件通过可靠的连接方式装配而成,以承受或传递荷载作用的整体。装配式混凝土建筑应采取有效措施加强结构的整体性,保证结构和构件满足承载力、延性和耐久性的要求。

装配式混凝土结构属于混凝土结构的一个子类别,除了应执行装配式混凝土建筑相关规定外,还应符合现行混凝土结构规范、规程等要求。

目前我国装配式混凝土建筑仅在抗震设防烈度为 8 度及以下的地区推广和采用。

3.2.1 最大适用高度

装配整体式混凝土结构房屋的最大适用高度应满足表 3-1 的要求。

表 3-1　装配整体式混凝土结构房屋的最大适用高度　　　　　　　　　　　　　　m

结构类型	抗震设防烈度			
	6 度	7 度	8 度(0.20g)	8 度(0.30g)
装配整体式框架结构	60	50	40	30
装配整体式框架-现浇剪力墙结构	130	120	100	80
装配整体式框架-现浇核心筒结构	150	130	100	90
装配整体式剪力墙结构	130(120)	110(100)	90(80)	70(60)
装配整体式部分框支剪力墙结构	110(100)	90(80)	70(60)	40(30)

注:1. 房屋高度指室外地面到主要屋面的高度,不包括局部凸出屋顶的部分;
　　2. 部分框支剪力墙结构指地面以上有部分框支剪力墙的剪力墙结构,不包括仅个别框支墙的情况。

当结构中竖向构件全部为现浇且楼盖采用叠合梁板时,房屋的最大适用高度可按现浇混凝土建筑采用。

装配整体式剪力墙结构和装配整体式部分框支剪力墙结构,在规定的水平力作用下,当预制剪力墙构件底部承担的总剪力大于该层总剪力的 50% 时,其最大适用高度应适当降低;当预制剪力墙构件底部承担的总剪力大于该层总剪力的 80% 时,最大适用高度应取表 3-1 中括号内的数值。

装配整体式剪力墙结构和装配整体式部分框支剪力墙结构,当剪力墙边缘构件竖向钢筋采用浆锚搭接连接时,房屋最大适用高度应比表 3-1 中数值降低 10 m。

超过表 3-1 内高度的房屋,应进行专门研究和论证,采取有效的加强措施。

3.2.2 最大高宽比

高层装配整体式混凝土结构的高宽比不宜超过表 3-2 中的数值。

表 3-2　高层装配整体式混凝土结构适用的最大高宽比

结构类型	抗震设防烈度	
	6度、7度	8度
装配整体式框架结构	4	3
装配整体式框架-现浇剪力墙结构	6	5
装配整体式剪力墙结构	6	5
装配整体式框架-现浇核心筒结构	7	6

3.2.3　结构构件抗震等级

装配整体式混凝土结构构件的抗震设计，应根据设防类别、烈度、结构类型和房屋高度采用不同的抗震等级，并应符合相应的计算和构造措施要求。丙类建筑装配整体式混凝土结构的抗震等级应按表 3-3 确定。

表 3-3　丙类建筑装配整体式混凝土结构的抗震等级

结构类别		抗震设防烈度							
		6度		7度			8度		
装配整体式框架结构	高度/m	≤24	>24	≤24	>24		≤24	>24	
	框架	四	三	三	二		二	一	
	大跨度框架	三		二			一		
装配整体式框架-现浇剪力墙结构	高度/m	≤60	>60	≤24	>24且≤60	>60	≤24	>24且≤60	>60
	框架	四	三	四	三	二	三	二	一
	剪力墙	三	三	三	二	二	二	二	一
装配整体式框架-现浇核心筒结构	框架	三		二					
	核心筒	二		二					
装配整体式剪力墙结构	高度/m	≤70	>70	≤24	>24且≤70	>70	≤24	>24且≤70	
	剪力墙	四	三	四	三	二	三	二	
装配整体式部分框支剪力墙结构	高度/m	≤70	>70	≤24	>24且≤70	>70	≤24	>24且≤70	
	现浇框支框架	二	二	二	二	一	一	一	
	底部加强部位剪力墙	三	二	三	二	二	二	一	
	其他区域剪力墙	四	三	四	三	二	三	二	

注：1. 大跨度框架指跨度不小于 18 m 的框架；

2. 高度不超过 60 m 的装配整体式框架-现浇核心筒结构按装配整体式框架—现浇剪力墙的要求设计时，应按表中装配整体式框架现浇剪力墙结构的规定确定其抗震等级。

甲类、乙类建筑应按本地区抗震设防烈度提高一度的要求加强其抗震措施，但抗震设防烈度为 8 度时应按比 8 度更高的要求采取抗震措施;当建筑场地为 I 类时,应允许仍按本地区抗震设防烈度的要求采取抗震构造措施。

丙类建筑当建筑场地为 I 类时,除 6 度外,应允许按本地区抗震设防烈度降低一度的要求采取抗震构造措施。

当建筑场地为 III、IV 类时,对设计基本地震加速度为 0.15g 的地区,宜按抗震设防烈度 8 度 (0.20 g)时各类建筑的要求采取抗震构造措施。

3.2.4　弹性层间位移角限值

弹性层间位移角是楼层内最大弹性层间位移与层高的比值。在风荷载或多遇地震作用下,结构楼层内最大的弹性层间位移应符合表 3-4 的规定。

表 3-4　弹性层间位移角限值

结 构 类 型	弹性层间位移角限值
装配整体式框架结构	1/500
装配整体式框架-现浇剪力墙结构 装配整体式框架-现浇核心筒结构	1/800
装配整体式剪力墙结构 装配整体式部分框支剪力墙结构	1/1000

3.2.5　等同现浇设计

(1)当预制构件之间采用后浇带连接且接缝构造及承载力满足现行标准与规范的相应要求时,可按现浇混凝土结构进行模拟。

装配式混凝土结构中,存在等同现浇的湿式连接节点,也存在非等同现浇的湿式或者干式连接节点。对于现行标准与规范中列入的各种现浇连接接缝构造,如框架节点梁端接缝、预制剪力墙竖向接缝等,已经有了很充分的试验研究,当其构造及承载力满足标准中的相应要求时,均能够实现等同现浇的要求,因此弹性分析模型可按照等同于连续现浇的混凝土结构来模拟。

(2)对于现行标准与规范中未包含的连接节点及接缝形式,应按照实际情况模拟。

对于现行标准与规范中未列入的节点及接缝构造,当有充足的试验依据表明其能够满足等同现浇的要求时,可按照连续的混凝土结构进行模拟,不考虑接缝对结构刚度的影响。所谓充足的试验依据是指连接构造及采用此构造连接的构件,在常用参数(如构件尺寸、配筋率等)、各种受力状态下(如弯、剪、扭或复合受力、静力及地震作用)的受力性能均进行过试验研究,试验结果能够证明其与同样尺寸的现浇构件具有基本相同的承载力、刚度、变形能力、延性、耗能能力等方面的性能水平。

对于干式连接节点,一般应根据其实际受力状况模拟为刚接、铰接或者半刚接节点。如梁柱之间采用牛腿、企口搭接,其钢筋不连接时,则模拟为铰接点;如梁柱之间采用后张预应力压紧连接或螺栓压紧连接,一般应模拟为半刚性节点。计算模型中应包含连接节点,并准确计算出节点内力,以进行节点连接件及预埋件的承载力复核。连接的实际刚度可通过试验或者有限元分析获得。

3.2.6　其他

高层建筑装配整体式混凝土结构应符合下列规定。

（1）宜设置地下室，地下室宜采用现浇混凝土；地下室顶板作为上部结构的嵌固部位时，宜采用现浇混凝土以保证其嵌固作用。对嵌固作用没有直接影响的地下室结构件，当有可靠依据时，也可采用预制混凝土。

震害调查表明，有地下室的高层建筑破坏比较轻，而且有地下室对提高地基的承载力有利；高层建筑设置地下室，可以提高其在风、地震作用下的抗倾覆能力。因此，高层建筑装配整体式混凝土结构宜规定设置地下室。

（2）剪力墙结构和部分框支剪力墙结构底部加强部位宜采用现浇混凝土。

高层建筑装配整体式剪力墙结构和部分框支剪力墙结构的底部加强部位是结构抵抗罕遇地震的关键部位。弹塑性分析和实际震害均表明，底部墙肢的损伤往往较上部墙肢严重，因此对底部墙肢的延性和耗能能力的要求较上部墙肢高。目前，高层建筑装配整体式剪力墙结构和部分框支剪力墙结构的预制剪力墙竖向钢筋连接接头面积百分率通常为100％，其抗震性能尚无实际震害经验，对其抗震性能的研究以构件试验为主，整体结构试验研究偏少，剪力墙墙肢的主要塑性发展区域采用现浇混凝土有利于保证结构整体抗震能力。因此，高层建筑剪力墙结构和部分框支剪力墙结构的底部加强部位的竖向构件宜采用现浇混凝土。

（3）框架结构的首层柱宜采用现浇混凝土，顶层宜采用现浇楼盖结构。

高层建筑装配整体式框架结构，首层的剪切变形远大于其他各层。震害表明，首层柱底出现塑性铰的框架结构，其倒塌的可能性大。试验研究表明，预制柱底的塑性铰与现浇柱底的塑性铰有一定的差别。在目前设计和施工经验尚不充分的情况下，高层建筑框架结构的首层柱宜采用现浇柱，以保证结构的抗地震倒塌能力。

（4）底部加强部位的剪力墙、框架结构的首层柱采用预制混凝土时，应采取可靠的技术措施。

当高层建筑装配整体式剪力墙结构和部分框支剪力墙结构的底部加强部位及框架结构，首层柱采用预制混凝土时，应进行专门研究和论证，采取特别的加强措施，严格控制构件加工和现场施工质量。在研究和论证过程中，应重点提高连接接头性能、优化结构布置和构造措施，提高关键构件和部位的承载能力，尤其是柱底接缝与剪力墙水平接缝的承载能力，确保实现"强柱弱梁"的目标，并对大震作用下首层柱和剪力墙底部加强部位的塑性发展程度进行控制。必要时应进行试验验证。

（5）结构转换层宜采用现浇楼盖。屋面层和平面受力复杂的楼层采用现浇楼盖用叠合楼盖时，需提高后浇混凝土叠合层的厚度和配筋要求，楼板的后浇混凝土叠合层厚度不应小于100 mm，且后浇层内应采用双向通长配筋，钢筋直径不宜小于8 mm，间距不宜大于200 mm，同时叠合楼板应设置桁架钢筋。

3.3　设备及管线设计

3.3.1　一般规定

设备与管线系统是指由给水排水、供暖通风空调、电气等设备与管线组合而成，满足建筑使用功能的整体。

目前的建筑,尤其是住宅建筑,一般均将设备管线埋在楼板现浇混凝土或墙体中,把使用年限不同的主体结构和管线设备混在一起建造。若干年后,大量建筑虽然主体结构尚可,但装修和设备等早已老化,改造更新困难,甚至不得不拆除重建,缩短了建筑使用寿命。因此,装配式混凝土建筑的设备与管线宜与主体结构相分离,应方便维修更换,且不应影响主体结构安全。这种将设备与管线设置在结构系统之外的方式称为管线分离,如图 3-1 所示。

图 3-1 管线分离

装配式混凝土建筑的设备与管线宜采用集成化技术,标准化设计,当采用集成化新技术新产品时应有可靠依据。设备与管线应合理选型,准确定位。设备和管线设计应与建筑设计同步进行,预留预埋应满足结构专业相关要求。装配式混凝土建筑的设备与管线设计宜采用建筑信息模型(BIM)技术。在结构深化设计以前,可以采用包含 BIM 在内的多种技术手段开展三维管线综合设计,对各专业管线在预制构件上预留的套管、开孔、开槽位置尺寸进行综合及优化,形成标准化方案,并做好精细设计以及定位,避免错漏碰缺,降低生产及施工成本,减少现场返工。不得在安装完成后的预制构件上剔凿沟槽打孔开洞。穿越楼板管线较多且集中的区域可采用现浇楼板。

装配式混凝土建筑的部品与配管连接、配管与主管道连接及部品间连接应采用标准化接口,且应方便安装使用维护。

装配式混凝土建筑的设备与管线宜在架空层或吊顶内设置。公共管线、阀门、检修口、计量仪表、电表箱配电箱、智能化配线箱等,应统一集中设置在公共区域。设备与管线穿越楼板和墙体时,应采取防水防火、隔音密封等措施。

3.3.2 给水排水

装配式混凝土建筑给水系统设计应符合下列规定。

(1)给水系统配水管道与部品的接口形式及位置应便于检修更换,并应采取措施避免结构或温度变形对给水管道接口产生影响。

(2)给水分水器与用水器具的管道接口应一对一连接,在架空层或吊顶内敷设时,中间不得有连接配件,分水器设置位置应便于检修,并宜有排水措施。

（3）宜采用装配式的管线及其配件连接。

（4）敷设在吊顶或楼地面架空层的给水管道应采取防腐蚀隔音减噪和防结露等措施。

在建筑排水系统中，器具排水管及排水支管不穿越本层结构楼板到下层空间、与卫生器具同层敷设并接入排水立管的排水方式，称为同层排水，如图3-2所示。

图3-2　同层排水示意图

相对于传统的隔层排水处理方式，同层排水方案最根本的理念改变是通过本层内的管道合理布局，彻底摆脱了相邻楼层间的束缚，避免了由于排水横管侵占下层空间而造成的一系列麻烦和隐患，包括产权不明晰、噪音干扰、渗漏隐患、空间局限等。同层排水是卫生间排水系统中的一个新颖技术，排水管道在本层内敷设，采用了一个共用的水封管配件代替诸多的P弯、S弯，整体结构合理，所以不易发生堵塞，而且容易清理、疏通，用户可以根据自己的爱好和意愿，个性化地布置卫生间洁具的位置。

装配式混凝土建筑的排水系统宜采用同层排水技术，同层排水管道敷设在架空层时，宜设积水排出措施。此种设计方法仅在卫生间集中降板，做架空处理有效地减少结构墙体与内装部品之间的安装误差，实现了内装整体部品的定制生产。

装配式混凝土建筑应选用耐腐蚀，使用寿命长，降噪性能好，便于安装及维修的管材、管件，以及连接可靠密封性能好的管道阀门设备。

3.3.3　电气和智能化

装配式混凝土建筑的电气和智能化设备与管线的设计，应满足预制构件工厂化生产、施工安装及使用维护的要求。

装配式混凝土建筑的电气和智能化设备与管线设置及安装应符合下列规定。

（1）电气和智能化系统的竖向主干线应在公共区域的电气竖井内设置。

（2）配电箱、智能化配线箱不宜安装在预制构件上。

（3）当大灯具桥架、母线配电设备等安装在预制构件上时，应采用预留预埋件固定。

（4）设置在预制构件上的接线盒连接管等应做预留，出线口和接线盒应准确定位。

（5）不应在预制构件受力部位和节点连接区域设置孔洞及接线盒，隔墙两侧的电器和智能化设备不应直接连通设置。

装配式混凝土建筑的防雷设计应符合下列规定。

（1）当利用预制剪力墙、预制柱内的部分钢筋作为防雷引下线时，预制构件内作为防雷引下线的钢筋应在构件接缝处作可靠的电气连接，并在构件接缝处预留施工空间及条件，连锁部位应有永久性明显标记。

（2）建筑外墙上的金属管道、栏杆、门窗等金属物需要与防雷装置连接时，应与相关预制构件内部的金属件连接成电气通路。

（3）设置等电位连接的场所，各构件内的钢筋应作可靠的电气连接，并与等电位连接箱连通。

3.3.4 供暖、通风、空调及燃机

装配式混凝土建筑应采用适宜的节能技术，维持良好的热舒适性，降低建筑能耗，减少环境污染，并充分利用自然通风。其通风供暖和空调等设备均应选用能效比高的节能型产品以降低能耗。

供暖系统宜采用适宜于干式工法施工的低温地板辐射供暖产品。但集成式卫浴和同层排水的架空地板下面由于有很多给水和排水管道，为了方便检修，不建议采用地板辐射供暖方式，宜采用散热器供暖。

当墙板或楼板上安装供暖与空调设备时，其连接处应采取加强措施。当采用散热器供暖系统时，散热器安装应牢固可靠，安装在轻钢龙骨隔墙上时应采用隐形支架固定在结构受力件上；安装在预制复合墙体上时，其挂件应预埋在实体结构上，挂件应满足刚度要求；当采用预留孔洞安装散热器挂件时，预留孔洞的深度应不小于 120 mm。

3.4 内装系统设计

3.4.1 一般规定

内装系统是指由楼地面、墙面、轻质隔墙、吊顶、内门窗、厨房和卫生间等组合而成，满足建筑空间使用要求的整体。

1. 一体化协同设计

装配式混凝土建筑的内装设计应遵循标准化设计和模数协调的原则，宜采用建筑信息化模型（BIM）技术与结构系统、外围护系统、设备管线系统进行一体化设计。从目前建筑行业的工作模式来说，都是先进行建筑各专业的设计，之后再进行内装设计。这种模式使得后期的内装设计经常要对建筑设计的图纸进行修改和调整，造成施工时的拆改和浪费。因此，装配式混凝土建筑的内装设计应与建筑各专业进行协同设计。

2. 管线分离

装配式混凝土建筑的内装设计，应满足内装部品的连接、检修更换和设备及管线使用年限的要求，宜采用管线分离。从实现建筑长寿化和可持续发展理念出发，采用内装与主体结构设备管线分离，是为了将长寿命的结构与短寿命的内装、机电管线之间取得协调，避免设备管线和内装的更换维修对长寿命的主体结构造成破坏，影响结构的耐久性。

3. 干式工法

干式工法是指采用干作业施工的建造方法。现场采用干作业施工工艺的干式工法是装配式建筑的核心内容。我国传统现场具有湿作业多、施工精度差、工序复杂、建造周期长、依赖现场工

人水平和施工质量难以保证等问题,干式工法作业可实现高精度、高效率和高品质,如图 3-3 所示。

图 3-3 干式工法地面施工工艺

4. 装配式装修

采用干式工法,将工厂生产的内装部品在现场进行组合安装的装修方式,称为装配式装修。装配式混凝土建筑宜采用工业化生产的集成化部品进行装配装修。推进装配式装修是推动装配式发展的重要方向。采用装配式装修的设计建造方式具有五个方面的优势。

(1)部品在工厂制作,现场采用干式作业,可以最大限度保证产品的质量和性能。

(2)提高劳动生产率,节省大量人工和管理费用,大大缩短建设周期,综合效益明显,从而降低生产成本。

(3)节能环保,减少原材料的浪费,施工现场大部分为干式工法,可减少噪声、粉尘和建筑垃圾等污染。

(4)便于维护,降低了后期运营维护的难度,为部品更换创造了可能。

(5)工业化生产的方式有效解决了施工生产的尺寸误差和模数接口问题。

5. 全装修

全装修是指所有功能空间的固定面装修和设备设施全部安装完成,达到建筑使用功能和建筑性能的状态。全装修强调了建筑的功能和性能的完备性。装配式建筑的最低要求应该定位在具备完整功能的成品形态,不能割裂结构、装修,底线是交付成品建筑。推进全装修,有利于提升装修集约化水平,提高建筑性能和消费者的生活质量,带动相关产业发展。全装修是房地产市场成熟的重要标志,是与国际接轨的必然发展趋势,也是推进我国建筑产业健康发展的重要路径。

6. 其他

装配式混凝土建筑的内装部品与室内管线应与预制构件的深化设计紧密配合,预留口位置应准确到位。

装配式混凝土建筑应在内装设计阶段对部品进行统一编号,在生产、安装阶段按编号实施。

3.4.2 内装部品设计选型

装配式混凝土建筑应在建筑设计阶段对轻质隔墙系统、吊顶系统、楼地面系统、墙面系统、集成式厨房、集成式卫生间、内门窗等进行部品设计选型。装配式建筑的内装设计与传统内装设计的区别之一就是部品选型的概念,部品是装配式建筑的组成基本单元,具有标准化、系列化、通用化的特点。装配式建筑的内装设计更注重通过对标准化、系列化的内装部品选型来实现内装的功能和效果。

内装部品应与室内管线进行集成设计,并应满足干式工法的要求。内装部品应具有通用性和互换性。采用管线分离时,室内管线的敷设通常是设置在墙、地面架空层、吊顶或轻质隔墙空腔内,将内装部品与室内管线进行集成设计,会提高部品集成度和安装效率,责任划分也更加明确。

1. 装配式隔墙、吊顶、楼地面

装配式隔墙、吊顶和楼地面是由工厂生产的,具有隔音、防火、防潮等性能,且满足空间功能和美学要求的部品集成,并主要采用干式工法装配而成。装配式混凝土建筑宜采用装配式隔墙、吊顶和楼地面。墙面系统宜选用具有高差调平作用的部品,并应与室内管线进行集成设计,如图3-4所示。

图 3-4　装配式轻质隔墙

轻质隔墙系统宜结合室内管线的敷设进行构造设计,避免管线安装和维修更换对墙体造成破坏;应满足不同功能房间的隔音要求;应在吊挂空调、画框等部位设置加强板或采取其他可靠加固措施。

吊顶系统设计应满足室内净高的需求,并宜在预制楼板(梁)内预留吊顶、桥架、管线等安装所需预埋件;应在吊顶内设备管线集中部位设置检修口。

楼地面系统宜选用集成化部品系统,并应保证楼地面系统的承载力满足房间使用要求。为实现管线分离,装配式混凝土建筑宜设置架空地板系统。架空地板系统宜设置减震构造。架空地板系统的架空高度应根据管径尺寸、敷设路径、设置坡度等确定,并应设置检修口。在住宅建筑中,应考虑设置架空地板对住宅层高的影响。

发展装配式隔墙、吊顶和楼地面部品技术,是我国装配化装修和内装产业化发展的主要内容。以轻钢龙骨石膏板体系的装配式隔墙、吊顶为例,其主要特点如下。

(1)采用干式工法,建造周期缩短60%以上。

(2)减少室内墙体占用面积,提高建筑的得房率。

（3）防火、保温、隔音、环保及安全性能全面提升。

（4）资源再生,利用率在90%以上。

（5）方便空间重新分割。

（6）健康环保性能提高,可有效调整湿度,增加舒适感。

2. 集成式厨卫

集成式厨房是指由工厂生产的楼地面、吊顶、墙面、橱柜和厨房设备及管线等集成并主要采用干式工法装配而成的厨房。集成式卫生间是指由工厂生产的楼地面、墙面（板）、吊顶和洁具设备及管线等集成并主要采用干式工法装配而成的卫生间。集成式厨房、集成式卫生间是装配式建筑装饰装修的重要组成部分,其设计应按照标准化、系统化原则,并符合干式工法施工的要求,在制作和加工阶段全部实现装配化。集成式厨房设计应合理设置洗涤池、灶具、操作台、排油烟机等设施,并预留厨房电气设施的位置和接口;应预留燃气、热水器及排烟管道的安装及留孔条件;给水排水、燃气管线等应集中设置、合理定位,并在连接处设置检修口。集成式卫生间宜采用干湿分离的布置方式,湿区可采用标准化整体卫浴产品。集成式卫生间应综合考虑洗衣机、排气扇（管）、暖风机等的设置,并应在给水排水、电气管线等连接处设置检修口。

3.4.3　接口与连接

1. 标准化接口

标准化接口是指具有统一的尺寸规格与参数,并满足公差配合及模数协调的接口。在装配式建筑中,接口主要是两个独立系统、模块或者部品部件之间的共享边界。接口的标准化,可以实现通用性以及互换性。

装配式混凝土建筑的内装部品应具有通用性和互换性。采用标准化接口的内装部品,可有效避免出现不同内装部品系列接口的不兼容问题。在内装部品的设计上,应严格遵守标准化、模数化的相关要求,提高部品之间的兼容性。

2. 连接

装配式混凝土建筑的内装部品、室内设备管线与主体结构的连接在设计阶段宜明确主体结构的开洞尺寸及定位尺寸。连接宜采用预留预埋的安装方式;当采用其他安装固定方法时,不应影响预制构件的完整性与结构安全。内装部品接口应做到位置固定,连接合理,拆装方便,使用可靠。

轻质隔墙系统的墙板接缝处应进行密封处理。隔墙端部与结构系统应有可靠连接。门窗部品收口部位宜采用工厂化门窗套。集成式卫生间采用防水底盘时,防水底盘的固定安装不应破坏结构防水层;防水底盘与壁板、壁板与壁板之间应有可靠连接设计,并保证其密封性。

3.5　深化设计

装配式混凝土建筑的深化设计,是指在设计单位提供的施工图的基础上,结合装配式混凝土建筑特点以及参建各方的生产和施工能力,对图纸进行细化、补充和完善,制作能够直接指导预制构件生产和现场安装施工的图纸,并经原设计单位签字确认。装配式混凝土建筑的深化设计也被称为二次设计;用于指导预制构件生产的深化设计也被称为构件拆分设计,如图 3-5 所示。

▨ 预制混凝土墙体　　▨ 现浇混凝土墙体　　▨ 轻质隔墙

图 3-5　拆分设计示意图

3.5.1　深化设计的基本原则

（1）应满足建设、制作、施工各方需求，加强与建筑、结构、设备、装修等专业间配合，方便工厂制作和现场安装。

（2）结构方案及设计方法应满足现行国家规范和标准的规定。

（3）应采取有效措施加强结构整体性。

（4）装配式混凝土结构宜采用高强混凝土、高强钢筋。

（5）装配式混凝土结构的节点和接缝应受力明确、构造可靠，并应满足承载力、延性和耐久性等要求。

（6）应根据连接节点和接缝的构造方式和性能，确定结构的整体计算模型。结构设计提倡湿法连接，少用干法连接，但对别墅类建筑可用干法连接以提高工作效率。

（7）当建筑结构超限时，不建议采用预制装配的建造方式；如必须采用，其建造方案需经专家论证。

3.5.2　深化设计的内容

装配式混凝土结构工程施工前，应由相关单位完成深化设计，并经原设计单位确认。预制构件的深化设计图应包括但不限于下列内容。

（1）预制构件模板图、配筋图、预埋吊件及各种预埋件的细部构造图等。

（2）夹芯保温外墙板，应绘制内外叶墙板拉结件布置图及保温板排版图。

（3）水、电线、管、盒预埋预设布置图。

（4）预制构件脱模、翻转过程中混凝土强度及预埋吊件的承载力的验算。

（5）节能保温设计图。

（6）面层装饰设计图。

（7）对带饰面砖或饰面板的构件,应绘制排砖图或排版图。

3.5.3　构件拆分要点

（1）预制构件的设计应满足标准化的要求,宜采用建筑信息化模型（BIM）技术进行一体化设计,确保预制构件的钢筋与预留洞口、预埋件等相协调,简化预制构件连接节点施工。

（2）预制构件的形状、尺寸、质量等应满足制作、运输、安装各环节的要求。

（3）预制构件的配筋设计应便于工厂化生产和现场连接。

（4）预制构件应尽量减少梁、板、墙、柱等预制结构构件的种类,保证模板能够多次重复使用,以降低造价。

（5）构件在安装过程中,钢筋对位直接制约构件的连接效率,故宜采用大直径、大间距的配筋方式,以便于现场钢筋的对位和连接。

3.5.4　构件拼接要求

（1）预制构件拼接部位的混凝土强度等级不应低于预制构件的混凝土强度等级。

（2）预制构件的拼接位置宜设置在受力较小部位。

（3）预制构件的拼接应考虑温度作用和混凝土收缩徐变的不利影响,宜适当增加构造配筋。

3.5.5　深化设计流程

装配式混凝土建筑深化设计的流程大致可分为以下几个步骤:整体策划→方案设计→施工图设计→图纸审查。

1.整体策划

对工程所在地建筑产业化的发展程度、政府要求以及项目案例等进行调查研究,与项目参建各方充分沟通,了解建筑物或建筑物群的基本信息、结构体系、项目实施的目标要求,并掌握现阶段预制构件制作水平、工人操作与安装技术水平等。结合以上信息,确定工程的装配率、构件类型、结构体系等。

2.方案设计

方案设计的质量对项目设计起着决定性的作用。为保证项目设计质量,务必要十分注重方案设计各环节的质量控制,从而在设计过程初期为设计质量奠定良好的基础。方案设计对于装配式建筑设计尤其重要,除应满足有关设计规范要求外,还必须考虑装配式构件生产、运输、安装等环节的问题,并为结构设计创造良好的条件。

装配式混凝土结构方案设计质量控制主要有以下几个方面。

（1）在方案设计阶段,各专业应充分配合,结合建筑功能与造型,规划好建筑各部位拟用的工业化、标准化预制混凝土构配件。在总体规划中,应考虑构配件的制作和堆放,以及起重运输设备服务半径所需空间。

（2）在满足建筑使用功能的前提下,采用标准化、系列化设计方法,满足体系化设计要求,充分考虑构配件的标准化、模数化,使建筑空间尽量符合模数协调原则,建筑造型尽量规整,避免异形构件和特殊造型,通过不同单元的组合达到丰富的立面效果。

（3）平面设计上，宜简单、对称、规则，不应采用严重不规则的平面布置，宜采用大开间、大进深的平面布局。

承重墙、柱等竖向构件宜上、下连续，门窗洞口宜上、下对齐、成列布置，平面位置和尺寸应满足结构受力及预制构件设计要求，剪力墙结构不宜用于转角处。厨房与卫生间的布置应合理，其平面尺寸宜满足标准化整体橱柜及整体卫浴的要求。

（4）外墙设计应满足建筑外立面多样化和经济美观的要求。外墙饰面宜采用耐久、无污染的材料。采用反打一次成型的外墙饰面材料，其规格尺寸、材质类别、连接构造等应进行工艺试验验证。空调板宜集中布置，并宜与阳台合并设置。

（5）方案设计中，应遵守模数协调的原则，做到建筑与部品模数协调、部品之间的模数协调以及部品的集成化和工业化生产，实现土建与装修在模数协调原则下的一体化，并做到装修一次性到位。

（6）构件的尺寸、类型等应结合当地生产实际，并考虑运输设备、运输路线、吊装能力等因素，必要的时候进行经济性测算和方案比选。另外，还应因地制宜地积极采用新材料、新产品和新技术。

（7）设计优化。设计方案完成后应组织各个层面的人员进行方案会审，首先是设计单位内部，包括各专业负责人、专业总工等；其次是建设单位、使用单位、项目管理单位以及构配件生产厂家、设备生产厂家等，必要时组织专家评审会；其次各个层面的人分别从不同的角度对设计方案提出优化的意见；最后设计方案应报当地规划管理部门审批并公示。

3.施工图设计

施工图设计工作量大、期限长、内容广。施工图设计文件作为项目设计的最终成果和项目后续阶段建设实施的直接依据，体现着设计过程的整体质量水平，设计文件编制深度以及完整准确程度等要求均高于方案设计和初步设计。施工图设计文件要在一定投资限额和进度下，满足设计质量目标要求，并经审图机构和政府相关主管部门审查。因此，施工图设计

阶段的质量控制工作任重道远。

装配式混凝土结构施工图设计质量控制主要有以下几个方面。

（1）施工图设计应根据批准的初步设计编制，不得违反初步设计的设计原则和方案。

（2）施工图设计文件编制深度应满足《建筑工程设计文件编制深度规定》的要求，满足设备材料采购、非标准设备制作和施工的需要，以及满足编制施工图预算的需要，并作为项目后续阶段建设实施的依据。对于装配式结构工程，施工图设计文件还应满足进行预制构配件生产和施工深化设计的需要。

（3）解决建筑、结构、设备、装修等专业之间的冲突或矛盾，做好各专业工种之间的技术协调。建筑的部件之间、部件与设备之间的连接应采用标准化接口。设备管线应进行综合设计，减少平面交叉；竖向管线宜集中布置，并应满足维修更换的要求。

（4）施工图设计文件是构件生产和施工安装的依据，必须保证它的可施工性。否则，在项目开展的过程中容易导致施工困难等问题，甚至影响项目的正常实施。可以采取构件生产厂家和施工单位提前介入参与设计讨论的方式，确保施工图纸的可实施性。

（5）采用BIM技术。采用BIM技术进行构件设计，模拟生产、安装施工，进行碰撞检查，提前发现设计中存在的问题。

4.图纸审查

我国强制执行施工图设计文件审查制度。施工图完成后必须经施工图审查机构按照有关法

律、法规,对施工图涉及公共利益、公众安全和工程建设强制性标准的内容进行审查。施工图未经审查合格的,不得使用。从事房屋建筑工程、市政基础设施工程施工、监理等活动,以及实施对房屋建筑和市政基础设施工程质量安全监督管理,应当以审查合格的施工图为依据。涉及建筑功能改变、结构安全及节能改变的重大变更应重新送审图机构进行审查。

施工图审查机构应对装配式混凝土建筑的结构构件拆分及节点连接设计、装饰装修及机电安装预留预埋设计、重大风险源专项设计等涉及结构安全和主要使用功能的关键环节进行重点审查。对施工图设计文件中采取的新技术、超限结构体系等涉及工程结构安全且无国家和地方技术标准的,应当由建设区市及以上建设行政主管部门组织专家评审,出具评审意见,施工图审查机构应当依据评审意见和有关规定进行审查。

课后练习

一、单选题

1. 根据《装配式混凝土建筑技术标准》GB/T 51231—2016 条文规定,本标准适用于抗震设防烈度为( )地区装配式混凝土建筑的设计、生产运输、施工安装和质量验收。

A. 6 度及 6 度以下　　　　　　　　　B. 7 度及 7 度以下

C. 8 度及 8 度以下　　　　　　　　　D. 9 度及 9 度以下

2. 下列关于装配式混凝土建筑平面设计的规定错误的是( )。

A. 应采用大开间大进深、空间灵活可变的布置方式

B. 平面布置应规划,承重构件布置应上下错开,使受力均匀

C. 设备与管线宜集中设置

D. 应进行综合设计

3. 已知简支梁跨度为 l,受均布荷载 q,下列说法正确的是( )。

A. 两端支座反力为 ql

B. 支座处的弯矩无法确定

C. 剪力沿梁呈线性分布

D. 弯矩沿梁呈线性分布

4. 某地区抗震设防烈度为 8 度,则此地区装配整体式剪力墙结构的最大高宽比是( )。

A. 3　　　　　　　B. 4　　　　　　　C. 5　　　　　　　D. 6

5. 下列对装配式混凝土结构平面布置、竖向布置的要求,哪一项是不正确的( )。

A. 平面形状宜简单、规则、对称

B. 平面长度不宜过长,凸出部分的长度不宜过小

C. 平面不宜采用角部重叠或细腰形平面布置

D. 竖向布置应避免抗侧力结构的侧向刚度和承载力沿竖向突变

6. 装配整体式剪力墙结构和装配整体式部分框支剪力墙结构,在规定的水平力作用下,当预制剪力墙构件底部承担的总剪力大于该层总剪力的( )时,其最大适用高度应适当降低。

A. 40%　　　　　　B. 50%　　　　　　C. 60%　　　　　　D. 80%

7. 对同一层内既有现浇墙肢也有预制墙肢的装配整体式剪力墙结构,现浇墙肢水平地震作用弯矩、剪力宜乘以不小于( )的增大系数。

A. 1.1　　　　　　B. 1.15　　　　　　C. 1.2　　　　　　D. 1.25

8. 下列关于装配整体式剪力墙结构说法错误的是( )。

A. 应沿两个方向布置剪力墙

B. 剪力墙的平面布置宜简单、规则

C. 预制墙的门窗洞口宜上下对齐、成列布置

D. 抗震等级为三级的剪力墙底部加强部位采用错洞墙

9. 当抗震设防烈度为 7 度时,双面叠合剪力墙房屋的最大适用高度应为( )m。

A. 90　　　　　　B. 80　　　　　　C. 60　　　　　　D. 50

10. 抗震设防烈度为 6 度的多层装配式墙板结构的最大适用层数是( )。

A. 7　　　　　　B. 8　　　　　　C. 9　　　　　　D. 10

11. 某地区抗震设防烈度为 8 度,在装配整体式剪力墙结构中,当剪力墙边缘构件竖向钢筋采用浆锚搭接连接且预制剪力墙构件底部承担的总剪力大于该层总剪力的 80% 时,房屋最大适用高度为( )m。

A. 70　　　　　　B. 80　　　　　　C. 90　　　　　　D. 100

12. 抗震设防烈度为 8 度时,多层装配式墙板结构适用的最大高宽比是( )。

A. 3.5　　　　　　B. 3　　　　　　C. 2.5　　　　　　D. 2

13. 相比《装配式混凝土结构技术规程》(JGJ 1—2014),《装配式混凝土建筑技术标准》(GB/T 51231—2016)新增加了哪项结构的最大适用高度要求。( )

A. 装配整体式框架-现浇剪力墙结构

B. 装配整体式框架-现浇核心筒结构

C. 装配整体式剪力墙结构

D. 装配整体式部分框支剪力墙结构

14. 抗震设防烈度为 7 度时,多层装配式墙板结构的最大适用高度是( )m。

A. 100　　　　　　B. 80　　　　　　C. 70　　　　　　D. 24

15. 柔性连接的预制混凝土结构设计原则与现浇结构有很大的不同,符合( )的抗震设计思想。

A. 小震不坏　　　B. 基于性能　　　C. 中震可修　　　D. 大震不倒

16. 装配整体式框架结构房屋非抗震设计适用的最大高度为( )m。

A. 150　　　　　　B. 140　　　　　　C. 120　　　　　　D. 70

17. 预制构件深化设计过程中,设计变更须经( )审核批准后才能实施。

A. 原施工图设计单位　　　　　　　　B. 总承包单位

C. 业主及监理单位　　　　　　　　D. 业主聘请的设计咨询单位

18. 在《装配式混凝土结构技术规程》中多层剪力墙结构设计适用于不高于( )层,建筑设防类别为( )。

A. 5,甲类　　　B. 5,乙类　　　C. 6,甲类　　　D. 6,丙类

19.建筑设计标准化的流程一般为(　　)。

A.装配式结构方案,钢筋表,构件库,深化与拆分,自动加工,自动出拆分图

B.钢筋表,装配式结构方案,深化与拆分,构件库,自动加工,自动出拆分图

C.构件库,装配式结构方案,深化与拆分,钢筋表,自动加工,自动出拆分图

D.构件库,钢筋表,深化与拆分,装配式结构方案,自动加工,自动出拆分图

20.装配整体式框架-现浇剪力墙结构房屋非抗震设计适用的最大高度为(　　)。

A.150 m　　　　　　B.120 m　　　　　　C.100 m　　　　　　D.80 m

二、多选题

1.6度抗震设防区,以下哪些房屋高度可采用装配整体式框架结构形式(　　)。

A.40 m　　　　　　B.50 m　　　　　　C.60 m　　　　　　D.65 m

E.70 m

2.装配整体式混凝土结构构件的抗震设计采用不同抗震等级的依据有哪些(　　)。

A.房屋高宽比　　　B.设防类别　　　C.烈度　　　D.结构类型

E.房屋高度

3.下列关于装配式混凝土建筑的电气和智能化设备与管线设置及安装中错误的说法是(　　)。

A.电气和智能化系统的竖向主干线在公共区域的电气竖井内设置

B.配电箱、智能化配电箱宜安装在预制构件上

C.当大型灯具、桥架等安装在预制构件上时,应采用预留预埋件固定

D.设置在预制构件上的接线盒、连接管等做预留,出线口和接线盒应准确定位

E.应在预制构件受力部位和节点连接区域设置孔洞及接线盒,隔墙两侧的电气和智能化设备应直接连通设置

4.建筑设计过程中应充分考虑以下要求(　　)。

A.符合建筑功能要求,性能不低于现浇结构

B.平面、立面布置:模数化、标准化、少规格、多组合

C.充分考虑构配件加工制作、安装等环节要求

D.尽量体现方便维修、更换、改造要求

E.专业协同,建筑外装和内装只需完成一项

5.建筑设计中哪些性能应符合节能要求(　　)。

A.体型系数　　　B.建筑高宽比　　　C.绿化率　　　D.窗墙面积比

E.围护结构的热工性能

三、判断题

1.预制楼梯与支承构件之间宜采用简支连接。(　　)

2.房屋高度指室外地面到主要屋面的高度,也包括局部凸出屋顶的部分。(　　)

3.一般情况下,装配整体式框架结构可按现浇混凝土框架结构进行设计。(　　)

4.对四级抗震等级的装配整体式框架可不进行梁柱节点核心区抗震受剪承载力验算。(　　)

5. 抗震设防烈度为 7 度时多层装配式墙板结构的最大高宽比是 3。（　　）

6. 平面受力复杂的楼层可采用叠合楼盖。（　　）

7. 在抗震设防烈度为 9 度时,高层钢筋混凝土剪力墙结构和高层装配整体式剪力墙结构使用的最大高宽比一致。（　　）

8. 装配整体式框架结构设计的总体思路是等同现浇,与现浇混凝土框架结构整体分析及构件设计方法相同。（　　）

9. 预制构件合理的接缝位置以及尺寸和形状的设计对建筑功能、建筑平立面、结构受力情况、预制构件承载能力、工程造价等会产生一定的影响,同时应尽量增加预制构件的种类,以方便进行质量控制。（　　）

10. 多层装配式墙板结构中,结构抗震等级在设防烈度为 8 度时取三级,设防烈度 6、7 度时取四级。（　　）

四、简答题

1. 装配式混凝土建筑的房屋最大适用高度应满足哪些规定?

2. 高层建筑装配整体式混凝土结构对地下室和底部楼层有哪些要求?

3. 装配式混凝土建筑对内装系统有哪些规定?

4. 简述装配式混凝土建筑深化设计的基本原则。

Chapter 4

项目4 装配式混凝土结构预制构件制作

预制装配式混凝土结构技术发展至今,预制混凝土构件厂已经能制作绝大多数的部品部件,如外墙板、内墙板、叠合板、楼梯、阳台等。在车间进行工厂化生产,需要进行科学的生产组织。在生产实施前期,应根据建设单位提供的深化设计图纸、产品供应计划等组织技术人员对项目的生产工艺、生产方案、进场计划、人员需求计划、物资采购计划、生产进度计划、模具设计、堆放场地、运输方式等内容进行策划,同时根据项目特点编制相关技术方案和具体保证措施,保证项目实施阶段顺利进行。

4.1 预制构件的生产设备和模具

4.1.1 预制构件的生产设备

预制构件生产场区内主要设备按照使用功能可分为生产线设备、辅助设备、起重设备、钢筋加工设备、混凝土搅拌设备、机修设备、其他设备等七种。

1.生产线设备

预制构件的生产设备主要包括模台、清扫喷涂机、画线机、送料机、布料机、振动台、振动刮平机、拉毛机、预养护窑、抹光机、立体养护窑等。各设备简介和常见参数介绍如下。

1)模台

目前常见模台有碳钢模台和不锈钢模台两种。通常采用 Q345 材质整板铺面,台面钢板厚度为 10 mm,如图 4-1 所示。

目前常用的模台尺寸为 9000 mm×4000 mm×310 mm。

平整度:表面不平度在任意 3000 mm 长度内±1.5 mm。

模台承载力:$P \geqslant 6.5 \ kN/m^2$。

2)清扫喷涂机

清扫喷涂机采用除尘器一体化设计,流量可控,喷嘴角度可调,具备雾化的功能,如图 4-2 所示。

图 4-1 模台

图 4-2 清扫喷涂机

规格为 4110 mm×1950 mm×3500 mm,喷洒宽度为 35 mm。

总功率为 4 kW。

3）画线机

画线机主要用于在台模上实现全自动画线。画线机采用数控系统,具备 CAD 图形编程功能和线宽补偿功能,配备 USB 接口;按照设计图纸进行模板安装位置及预埋件安装位置定位画线,完成一平台画线的时间小于 5 min,如图 4-3 所示。

规格为 9380 mm×3880 mm×300 mm,总功率为 1 kW。

4）送料机

送料机的有效容积不小于 2.5 m³,运行速度为 0～30 m/min,速度变频控制可调,由外部振导器辅助下料,如图 4-4 所示。

图 4-3 画线机

图 4-4 所示 送料机

运行时输送料斗运行与布料机位置设置互锁保护;在自动运转的情况下与布料机实现联动;可选择自动、手动、遥控操作方式;每个输送料斗均有防撞感应互锁装置,行走中有声光报警装置以及静止时的锁紧装置。

5）布料机

布料机沿上横梁轨道行走,装载的拌合物以螺旋式下料方式工作,如图 4-5 所示。

储料斗有效容积为 2.5 m³,下料速度为 0.5～1.5 m³/min（不同的坍落度要求）;在布料的过程中,下料口开闭数量可控;与输送料斗、振动台、模台运行等可实现联动互锁;具有安全互锁装置;纵横向行走速度及下料速度采用变频控制,可实现完全自动布料功能。

6)振动台

振动台的模台采用液压锁紧;振捣时间小于 30 s,振捣频率可调;模台升降、锁紧、振捣、模台移动、布料机行走具有安全互锁功能,如图 4-6 所示。

图 4-5　布料机　　　　　　　　　　　　　　　　图 4-6　振动台

7)振捣刮平机

振捣刮平机沿上横梁轨道纵向行走。升降系统采用电液推杆,可在任意位置停止并自锁;大车行进速度:0～30 m/min,变频可调;刮平有效宽度与模台宽度相适应;激振力大小可调,如图 4-7 所示。

图 4-7　振捣刮平机

8)拉毛机

拉毛机适用于叠合楼板的混凝土表面处理;可实现升降,锁定位置;拉毛机有定位调整功能,通过调整可准确地下降到预设高度,如图 4-8 所示。

9)预养护窑

预养护窑几何尺寸:模台上表面与窑顶内表面有效高度不小于 600 mm;窑体宽度:平台边缘与窑体侧面有效距离不小于 500 mm,如图 4-9 所示。

开关门机构:垂直升降、密封可靠,升降时间小于 20 s;温度自动检测监控;加热自动控制(干蒸);开关门动作与模台行进的动作实现互锁保护。窑内温度均匀:温差小于 3 ℃。设计最高温度:不小于 60 ℃。

图 4-8　拉毛机

图 4-9　预养护窑

10）抹光机

抹头可升降调节、能准确地下降到预设高度并锁定；在作业中抹头在水平面内可实现二维方向的移动调节，在设定的范围内作业；抹平力和浮动叶片的角度可机械调节，如图 4-10 所示。

11）立体养护窑

立体养护窑温、湿度单独可控；保温板芯部材料密度值不低于 15 kg/m³，并且防火阻燃，保温材料耐受温度不低于 80 ℃；温度、湿度自动检测监控；加热、加湿自动控制；窑内平台确保定位锁紧，支撑轮悬臂采用防变形设计，支撑轮悬臂轴的长度不大于 300 mm；窑温的均匀性：温差小于 3 ℃，如图 4-11 所示。

图 4-10　抹光机

图 4-11　立体养护窑

2. 预制混凝土构件转运设备

预制混凝土构件生产转运设备主要有翻板机、平移车、堆码机等。

1）翻板机

翻板机负荷不小于 25 t;翻板角度为 80°～ 85°;动作时间:翻起到位时间小于 90 s,如图 4-12 所示。

图 4-12　翻板机

2)平移车

平移车负载不小于 25 t;平移车液压缸同步升降;两台平移车行进过程中保持同步,采用伺服控制;平台在升降车上定位准确,具备限位功能;模台状态、位置与平移车位置、状态互锁保护;行走时,车头端部安装安全防护连锁装置,如图 4-13 所示。

3)堆码机

堆码机在地面轨道行走,模台升降采用卷扬式升降结构,开门行程不小于 1 m;堆码机具有大车定位锁紧机构、升降架调整定位机构、升降架升降导向机构;负荷不小于 30 t;横向行走速度、提升速度均变频可调;可实现手动、自动化运行,如图 4-14 所示。

图 4-13　平移机

图 4-14　堆码机

在进行行进、升降、开关门、进出窑等动作时具备完整的安全互锁功能。

在设备运行时设有声光报警装置;节拍时间小于 15 min(以运行距离最长的窑位为准)。

3.起重设备等

生产过程中需要起重设备、小型器具及其他设备,主要生产设备如表 4-1 所示。

表 4-1　主要生产设备

工 作 内 容	器具、工具
起重	5～10 吨起重机、钢丝绳、吊索、吊装带、卡环、起驳器等
运输	构件运输车、平板转运车、叉车、装载机等
清理打磨	角磨机、刮刀、手提垃圾桶等
混凝土施工	插入式振捣器、平板振捣器、料斗、木抹、铁抹、铁锹、刮板、拉毛笆子、喷壶、温度计等
模板安装拆卸	电焊机、空压机、电锤、电钻、各类扳手、橡胶锤、磁铁固定器、专用磁铁撬棍、铁锤、线绳、墨斗、滑石笔等

4.1.2　预制构件的模具

预制构件模具是一种组合型结构模具,满足预制构件浇筑和再利用的需求,依照构件图纸生产要求进行设计制作,使混凝土构件按照规定的位置、几何尺寸成形,保持建筑模具正确位置,并承受建筑模具的自重及作用在其上的构件侧部压力载荷。

1. 预制构件模具设计的总体要求

预制构件模具以钢模为主,面板主材选用 HPB300 级钢板,支撑结构可选用型钢或者钢板,规格可根据模具形式选择,应满足以下要求。

(1)模具应具有足够的承载力、刚度和稳定性,保证在构件生产时能可靠承受浇筑混凝土的重量、侧压力及工作荷载。

(2)模具应支、拆方便,且应便于钢筋安装和混凝土浇筑、养护。

(3)模具的部件与部件之间应连接牢固;预制构件上的预埋件均应有可靠的固定措施。

2. 预制构件模具的设计

1)模具设计应考虑的因素

(1)成本。在满足使用要求和周期的情况下应尽量降低重量。

(2)使用寿命。给模具赋予一个合理的刚度,增大模具周转次数。

(3)质量。构件品质和尺寸精度不仅取决于材料性能,成型效果还依赖于模具的质量。

(4)通用性。提高模具重复利用率,一套模具在成本适当的情况下应尽可能地满足"一模多制作"。

(5)效率。在生产过程中,对生产效率影响最大的工序是组模、预埋件安装以及拆模,其中就有两道工序涉及构件模具,模具设计合理与否对生产效率尤为关键。

(6)方便生产。模具最终是为构件厂生产服务,不单要满足模具的刚度及尺寸要求,而且应符合构件生产工艺要求。

(7)方便运输。在不影响使用周期的情况下进行轻量化设计,既可以降低成本又可以提高作业效率。

(8)三维软件设计。采用三维软件设计,使整套模具设计体系更加直观化、精准化。

2)模具的设计要点

预制构件模具图一般包括模具总装图、模具部件图和材料清单三个部分。

现有模具的体系可分为独立式模具和大模台式模具(即模台可公用,只加工侧模)。

独立式模具用钢量较大,适用于构件类型较单一且重复次数多的项目。大模台式模具只需制作侧边模具,底模还可以在其他工程上重复使用。

主要模具类型有梁模、柱模、叠合楼板模具、阳台板模具、楼梯模具、内墙板模具和外墙板模具等。如图 4-15～图 4-22 所示为常见的几种模具类型。

图 4-15　楼梯的平打模具

图 4-16　楼梯的立打模具

图 4-17　叠合板的角钢边模

图 4-18　叠合板的长边采用通长边模

图 4-19　剪力墙模具的顶模和底模

图 4-20　剪力墙模具的侧模

图 4-21　梁模

图 4-22　柱模

（1）叠合楼板模具设计要点。

根据叠合楼板高度，可选用相应的角铁作为边模，当楼板四边有倒角时，可在角铁上后焊一块折弯后的钢板。

由于角铁组成的边模上开了许多豁口，导致长向的刚度不足，故沿长向可分若干段，以每段1.5～2.5 m为宜。侧模上还需设加强肋板，间距为400～500 mm。

（2）阳台板模具设计要点。

为了体现建筑立面效果，一般住宅建筑的阳台板设计为异形构件。构件的四周都设计了反边，导致不能利用大模台生产。可设计为独立式模具，根据构件数量选择模具材料。首先，考虑构件脱模的问题，在不影响构件功能的前提下，可适当留出脱模斜度（1/10左右）。当构件高度较大时，应重点考虑侧模的定位和刚度问题。

（3）楼梯模具设计要点。

楼梯模具可分为卧式和立式两种模式。卧式模具占用场地大，需要压光的面积也大，构件需多次翻转，故推荐设计为立式楼梯模具。重点为楼梯踏步的处理，由于踏步成波浪形，钢板需折弯后拼接，拼缝的位置宜放在既不影响构件效果又便于操作的位置，拼缝的处理可采用焊接或冷拼接工艺。需要特别注意拼缝处的密封性，严禁出现漏浆现象。

（4）内墙板模具设计要点。

由于内墙板就是混凝土实心墙体，一般没有造型。通常，预制内墙板的厚度为200 mm，为便于加工，可选用20号槽钢作为边模。

内墙板三面均有外露筋且数量较多，需要在槽钢上开许多豁口，导致边模刚度不足，周转中容易变形，所以应在边模上增设肋板。

（5）外墙板模具设计要点。

外墙板一般采用三明治结构，通常采用结构层（200 mm）＋保温层（50 mm）＋保护层（50 mm）的形式。此类墙板可采用正打或反打工艺。建筑对外墙板的平整度要求很高，如果采用正打工艺，无论是人工抹面还是机器抹面，都不足以达到要求的平整度，对后期制作较为不利。采用正打工艺则有利于预埋件的定位，操作工序也相对简单。可根据工程的需求，选择不同的工艺。

所谓"正打"通常指混凝土墙板浇筑后，在表面压轧出各种线条和花饰的工艺。

所谓"反打"就是在平台座或平钢模的底模上预铺各种花纹的衬模，使墙板的外皮在下面，内皮在上面，与"正打"正好相反。这种工艺可以在浇筑外墙混凝土墙体的同时一次将外饰面的各种线型及质感呈现出来。

该工艺将所选用的瓷砖或天然石材预贴于模板表面，采用反打成型工艺，与三明治保温外墙板的外叶墙混凝土形成一体化装饰效果。为保证瓷砖和石材与混凝土黏结牢固，应使用背面带燕尾槽的瓷砖或带燕尾槽的仿石材效果陶瓷薄板。如果采用天然石材装饰材料，背面还要设专用爪丁，并涂刷防水剂。

根据浇筑顺序，将模具分为两层：第一层为保护层＋保温层；第二层为结构层。第一层模具作为第二层的基础，在第一层的连接处需要加固；第二层的结构层模具同内墙板模具形式。结构层模具的定位螺栓较少，故需要增加拉杆定位，防止胀模。

（6）外墙板和内墙板模具防漏浆设计要点。

构件三面都有外露钢筋，侧模处需开对应的豁口，数量较多，造成拆模困难。为了便于拆模，豁口开得大一些，用橡胶等材料将混凝土与边模分离开，从而大大降低了拆卸难度。

（7）边模定位方式设计要点。

边模与大模台通过螺栓连接，为了快速拆卸，宜选用 M16 的粗牙螺栓。

在每个边模上设置 3～4 个定位销，以便精确定位。连接螺栓的间距控制在 500～600 mm 为宜，定位销间距不宜超过 1500 mm。

（8）预埋件定位设计要点。

预制构件预埋件较多，且精度要求很高，需在模具上精确定位，有些预埋件的定位在大模台上完成，有些预埋件不与底模接触需要通过靠边模支撑的吊模完成定位。吊模要求拆卸方便、定位唯一，以防止错用。

（9）模具加固设计要点。

对模具使用次数必须有一定的要求，故有些部位必须要加强，一般通过肋板来解决，当肋板不足以解决时可把多个肋板连接起来，以增强整体刚度。

（10）模具的验收要点。

除外形尺寸和平整度外，还应重点检查模具的连接和定位系统。

（11）模具的经济性分析要点。

根据项目中每种预制构件的数量和工期要求，配备出合理的模具数量，再摊销到每种构件中，得出一个经济指标，一般为每平方米混凝土中含多少钢材，据此可作为报价的一部分。

3. 模具的制作

模具制作加工工序可概括为开料、制成零件、拼装成模。

首先，依照零件图开料，将零件所需的各部分材料按图纸尺寸裁制。部分精度要求较高的零件、裁制好的板材还需要进行精加工来保证其尺寸精度符合要求。

其次，将裁制好的材料依照零件图进行折弯、焊接、打磨等制成零件。部分零件因其外形尺寸对产品质量影响较大，为保证产品质量，焊接好的零件还需对其局部尺寸进行精加工。

最后，将制成的各零件依照组装图拼模。拼模时，应保证各相关尺寸达到精度要求。待所有尺寸均符合要求后，安装定位销及连接螺栓，随后安装定位机构和调节机构。再次复核各相关尺寸，若无问题，模具即可交付使用。

4. 模具的使用要求

1）编号要点

由于每套模具被分解得较零碎，需按顺序统一编号，防止错用。

2）组装要点

边模上的连接螺栓和定位销一个都不能少，必须紧固到位。为了构件脱模时边模顺利拆卸，防漏浆的部件必须安装到位。

3）吊模等工装的拆除要点

在预制构件进行蒸汽养护之前，应把吊模和防漏浆的部件拆除。选择此时拆除的原因为吊模好拆卸，在流水线上不占用上部空间，可降低蒸养窑的层高；混凝土几乎还没有强度，防漏浆的部件很容易拆除，若等到脱模时，混凝土的强度已达到 20 MPa 左右，防漏浆部件、混凝土和边模会紧紧地粘在一起，极难拆除。因此，防漏浆部件必须在蒸汽养护之前拆掉。

4）模具的拆除要点

当构件脱模时，首先将边模上的螺栓和定位销全部拆卸掉，为了保证模具的使用寿命，禁止使用大锤。拆卸的工具宜为皮锤、羊角锤、小撬棍等工具。

5）模具的养护要点

在模具暂时不使用时，需在模具上涂刷一层机油，防止腐蚀。

4.2 预制构件制作

预制构件生产应在工厂或符合条件的现场进行。根据场地条件、构件的尺寸、实际需要等情况，分别采取自动化流水线预制构件制作方法或固定台模生产线预制构件制作方法，并且生产设备应符合相关行业技术标准要求。构件生产企业应依据构件制作图进行预制构件的制作，并应根据预制构件型号、形状、重量等特点制定相应的工艺流程，明确质量要求和生产阶段质量控制要点，编制完整的构件制作计划书，对预制构件生产全过程进行质量管理和计划管理。

4.2.1 固定台模生产线预制构件制作流程

固定台模工艺的主要特点是模板固定不动，制作构件的所有操作均在模台上进行，材料、人员相对于模台流动，在一个位置上完成构件成型的各道工序。固定模台生产线是平面预制构件生产线中常用的一种生产方式，需要较先进的生产线设备，有各种机械如混凝土浇灌机、振捣器、抹面机等。这种工艺一般采用人工或机械振捣成型、封闭蒸汽养护。当构件脱模时，可借助专用机械使模台倾斜，然后脱模，如图 4-23 所示。

图 4-23　固定台模生产线

固定台模生产线自动化程度较低，需要更多工人，但是该工艺具有设备少、投资少、灵活方便等优点，适合制作侧面出筋的墙板、楼梯、阳台、飘窗等异型复杂构件。

本节将以预制混凝土夹芯保温外墙板为例讲解固定台模生产线进行预制构件制作的流程，夹芯保温外墙板制作流程如图 4-24 所示。

1. 模具组装

模具除应满足强度、刚度和整体稳固性要求外，还应满足预制构件预留孔、插筋、预埋吊件及其他预埋件的安装定位要求，模具组装如图 4-25 所示。

图 4-24　预制混凝土夹芯保温外墙板制作流程

图 4-25　模具组装

　　模具应安装牢固、尺寸准确、拼缝严密、不漏浆。模板组装就位时,首先要保证底模表面平整度,以保证构件表面平整度符合规定要求。模板与模板之间,模板与底模之间的连接螺栓必须齐全、拧紧,模板组装时应注意将销钉敲紧,控制侧模定位精度。模板接缝处用原子灰嵌塞抹平后再用细砂纸打磨。精度必须符合设计要求,设计无要求时,应符合表 4-2 的规定,并应验收合格后再投入使用。

表 4-2　模具拼装允许偏差表

测定部位	允许偏差/mm	检验方法
边长	±2	用钢尺测量
板厚	±1	用钢尺测量,取两边平均值
扭曲	2	四角用两根细线交叉固定,用钢尺测中心点高度
翘曲	3	四角固定细线,用钢尺测量细线到钢模边距离,取最大值
表面凹凸	2	用靠尺和塞尺检查
弯曲	2	四角用两根细线交叉固定,用钢尺测量细线到钢模边距离
对角线误差	2	用细线测量两条对角线尺寸,取差值
预埋件	±2	用钢尺检查

　　模具组装前应将钢模和预埋件定位架等部位彻底清理干净,严禁使用锤子敲打。模具与混凝土接触的表面除饰面材料铺贴范围外,应均匀涂刷脱模剂。脱模剂可采用柴机油混合型,为避免污染墙面砖,模板表面刷一遍脱模剂后再用棉纱均匀擦拭两遍,形成均匀的薄层油膜,见亮不见油,注意尽量避开放置橡胶垫块处,该部位可先用胶带纸遮住。在选择脱模剂时尽量选择隔离效果较好、能确保构件在脱模起吊时不发生黏结损坏现象、能保持板面整洁、易于清理、不影响墙面粉刷质量的脱模剂。

2. 饰面材料铺贴与涂装

　　面砖在入模铺设前,应先将单块面砖根据构件排砖图的要求分块制成面砖套件。套件的尺寸应根据构件饰面砖的大小、图案、颜色确定,每块套件的长度不宜大于 600 mm,宽度不宜大于 300 mm。

　　面砖套件应在定型的套件模具中制作。面砖套件的图案、排列、色泽和尺寸应符合设计要求。面砖铺贴时先在底模上弹出面砖缝中线,然后铺设面砖,为保证接缝间隙满足设计要求,应根据面砖深化图进行排版。面砖定位后,在砖缝内采用胶条粘贴,保证砖缝满足排版图及设计要求。面砖套件的薄膜粘贴不得有折皱,不应伸出面砖,端头应平齐。嵌缝条和薄膜粘贴后应采用专用工具沿接缝将嵌缝条压实。

　　石材在入模铺设前,应核对石材尺寸,并提前 24 h 在石材背面安装锚固拉勾和涂刷防泛碱处理剂。面砖套件、石材铺贴前应清理模具,并在模具上设置安装控制线,按控制线固定和校正铺贴位置,可采用双面胶带或硅胶按预制加工图分类编号铺贴。面砖装饰面层铺贴如图 4-26 所示。

　　石材和面砖等饰面材料与混凝土的连接应牢固。石材等饰面材料与混凝土之间连接件的结构、数量、位置和防腐处理应符合设计要求。满粘法施工的石材和面砖等饰面材料与混凝土之间应无空鼓。

　　石材和面砖等饰面材料铺设后表面应平整,接缝应顺直,接缝的宽度和深度应符合设计要求。面砖、石材需要更换时,应采用专用修补材料,对嵌缝进行修整,使墙板嵌缝的外观质量一致。

图 4-26　面砖装饰面层铺贴

外墙板面砖、石材粘贴的允许偏差应符合表 4-3 的规定。

表 4-3　外墙板面砖、石材粘贴的允许偏差表

项　次	项　目	允许偏差/mm	检 验 方 法
1	表面平整度	2	用 2 m 靠尺和塞尺检查
2	阳角方正	2	用 2 m 靠尺检查
3	上口平直	2	用拉线、钢直尺检查
4	接缝平直	3	用钢直尺和塞尺检查
5	接缝深度	1	
6	接缝宽度	1	用钢直尺检查

涂料饰面的构件表面应平整、光滑,棱角、线槽应符合设计要求,大于 1 mm 的气孔应进行填充修补。

3. 保温材料铺设

带保温材料的预制构件宜采用平模工艺成型,生产时应先浇筑外叶混凝土层,再安装保温材料和连接件,最后成型内叶混凝土层,如图 4-27 所示,外叶混凝土层可采用平板振动器适当振捣。

铺放加气混凝土保温块时,表面要平整,缝隙要均匀,严禁用碎块填塞。在常温下铺放时,铺前要浇水润湿,低温时铺后要喷水,冬季可干铺。聚苯乙烯泡沫保温条事先应按设计尺寸裁剪。排放板缝部位的聚苯乙烯泡沫保温条时,入模固定位置要准确,拼缝要严密,操作要有专人负责。

当采用立模工艺生产时应同步浇筑内外叶混凝土层,生产时应采取可靠措施保证内外叶混凝土厚度、保温材料及连接件的位置准确。保温材料的铺贴如图 4-28 所示。

4. 预埋件及预埋孔设置

预埋钢结构件、连接用钢材、连接用机械式接头部件和预留孔洞模具的数量、规格、位置、安装方式等应符合设计规定,固定措施要可靠。预埋件应固定在模板或支架上;预留孔洞应采用孔洞模具的方式并加以固定。预埋螺栓和铁件应采取固定措施保证其不偏移,对于套筒埋件应注意其定位。预埋件安装如图 4-29 所示。

预埋件和预留孔洞的允许偏差和检验方法应符合表 4-4 的规定。

图 4-27　外叶混凝土层浇筑

图 4-28　保温材料的铺贴

图 4-29　预埋件安装

表 4-4　预埋件和预留孔洞的允许偏差和检验方法

项　　目		允许偏差/mm	检 验 方 法
预埋钢板	中心线位置	5	用钢尺检查
	安装平整度	2	用靠尺和塞尺检查
预埋管、预留孔中心线位置		5	用钢尺检查
插筋	中心线位置	5	用钢尺检查
	外露长度	±8	用钢尺检查
预埋吊环	中心线位置	±10	用钢尺检查

5.门窗框设置

门窗框在构件制作、驳运、堆放、安装过程中,应进行包裹或遮挡。预制构件的门窗框应在浇筑混凝土前预先放置于模具中,位置应符合设计要求,并应在模具上设置限位框或限位件进行可靠固定,门窗框的品种、规格、尺寸、相关物理性能、开启方向、型材壁厚和连接方式等应符合设计要求。安装后的窗框见图 4-30。

图 4-30　安装后的窗框

门窗框安装位置应逐件检验,允许偏差应符合表 4-5 的规定。

表 4-5　门框和窗框安装允许偏差和检验方法

项　　目		允许偏差/mm	检 验 方 法
锚固脚片	中心线位置	5	用钢尺检查
	外露长度	+5.0	用钢尺检查
门窗框位置		±1.5	用钢尺检查
门窗框高、宽		±1.5	用钢尺检查
门窗框对角线		±1.5	用钢尺检查
门窗框的平整度		15	用钢尺检查

6.混凝土浇筑

在混凝土浇筑成型前应进行预制构件的隐蔽工程验收,符合有关标准规定和设计文件要求后方可浇筑混凝土。检查项目应包括下列内容：模具各部位尺寸、定位可靠、拼缝等；饰面材料铺设品种、质量；纵向受力钢筋的品种、规格、数量、位置等；钢筋的连接方式、接头位置、接头数量、接头面积百分率等；箍筋、横向钢筋的品种、规格、数量、间距等；预埋件及门窗框的规格、数量、位置等；灌浆套筒、吊具、插筋及预留孔洞的规格、数量、位置等；钢筋的混凝土保护层厚度。

混凝土放料高度应小于 500 mm，并应均匀铺设，混凝土成型宜采用插入式振动棒振捣，逐排振捣密实，振动器不应碰触钢筋骨架、面砖和预埋件。

混凝土浇筑应连续进行，同时应观察模具、门窗框、预埋件等的变形和移位，变形与移位超出规定的允许偏差时应及时采取补强和纠正措施。面层混凝土采用平板振动器振捣，振捣后，随即用 1∶3 水泥砂浆找平，并用木尺杆刮平，待表面收水后再抹平压实。

配件、埋件、门框和窗框处混凝土应浇捣密实，其外露部分应有防污损措施。混凝土表面应及时用泥板抹平提浆，宜对混凝土表面进行二次抹面。预制构件与后浇混凝土的结合面或叠合面应按设计要求制成粗糙面，粗糙面可采用拉毛或凿毛处理方法，也可采用化学和其他物理处理方法。预制构件混凝土浇筑完毕后应及时养护。

7. 构件养护

预制构件的成型和养护宜在车间内进行，成型后蒸养可在生产模位上或养护窑内进行。预制构件采用自然养护时，应符合现行国家标准《混凝土结构工程施工规范》（GB 50666—2011）、《混凝土结构工程施工质量验收规范》（GB 50204—2015）的规定。

预制构件采用蒸汽养护时，宜采用自动蒸汽养护装置，并保证蒸汽管道通畅，养护区应无积水。蒸汽养护制度应分静停、升温、恒温和降温四个阶段，并应符合下列规定：混凝土全部浇捣完毕后静停时间不宜少于 2 h，升温速度不得大于 15 ℃/h，恒温时最高温度不宜超过 55 ℃，恒温时间不宜少于 3h，降温速度不宜大于 10 ℃/h。

8. 构件脱模

预制构件停止蒸汽养护后，预制构件表面与环境温度的温差不宜高于 20 ℃。应根据模具结构的特点按照拆模顺序拆除模具，严禁使用振动模具方式拆模。

预制构件脱模起吊如图 4-31 所示，应符合下列规定：预制构件的起吊应在构件与模具间的连接部分完全拆除后进行。预制构件脱模时，同条件混凝土立方体抗压强度应根据设计要求或生产条件确定，且不应小于 15 N/mm²；预应力混凝土构件脱模时，同条件混凝土立方体抗压强度不宜小于混凝土强度等级设计值的 75%，预制构件吊点设置应满足平稳起吊的要求，宜设置 4～6 个吊点。

预制构件脱模后应对预制构件进行整修，并应符合下列规定：在构件生产区域旁应设置专门的混凝土构件整修区域，对刚脱模的构件进行清理、质量检查和修补；对于各种类型的混凝土外观缺陷，构件生产单位应制定相应的修补方案，并配有相应的修补材料和工具；预制构件应在修补合格后再驳运至合格品堆放场地。

9. 构件标识

构件应在脱模起吊至整修堆场或平台时进行标识，标识的内容应包括工程名称、产品名称、型号、编号、生产日期，构件待检查，修补合格后再标注合格章及工厂名，如图 4-32 所示。

标识可标注于工厂和施工现场堆放、安装时容易辨识的位置，可由构件生产厂和施工单位协商确定。标识的颜色和文字大小、顺序应统一，宜采用喷涂或印章方式制作标识。

图 4-31　预制构件脱模起吊

图 4-32　楼梯构件标识

4.2.2　自动化流水线预制构件制作流程

自动化流水生产线是典型的流水生产组织形式,是劳动对象按既定工艺路线及生产节拍,依次通过各个工位,最终形成产品的一种组织方式。在生产线上,按工艺要求依次设置若干操作工位,模台沿生产线行走过程中完成各道工序,然后将已成型的构件连同模台送进养护窑。这种工艺,机械化程度高,生产效率也高,可持续循环作业,便于实现自动化生产、平模传送流水工艺的布局,应将养护窑建在和作业线平行的一侧,构成平面流水生产线,如图 4-33 所示。该生产方式具有工艺过程封闭、各工序时间基本相等或成简单的倍比关系、生产节奏性强、过程连续性好等特征。

自动化流水生产线适合生产叠合楼板、出筋少墙板等构件,只有在构件标准化、规格化、单一化、专业化和数量大的情况下,才能不破坏生产线的平衡,避免造成在某工位长时间停滞,实现流水线的自动化,提高生产效率。

本节主要以双面叠合墙板为例讲解自动化流水生产线进行预制构件制作的流程。双面叠合墙板制作工艺流程如下所述。

图 4-33　自动化流水生产线

1. 制作工艺流程

制作工艺流程,如图 4-34 所示。

图 4-34　制作工艺流程

2. 流水线介绍

叠合楼板、叠合墙板等板式构件一般采用平整度很好的大平台钢模自动化流水作业的方式来生产,如同其他工业产品流水线一样工人固定岗位固定工序,流水线式地生产构件,人员数量需求少,主要靠机械设备的使用,效率大大提高。其主要流水作业环节如下。

(1)自动清扫机清扫钢模台。

(2)电脑自动控制放线。

(3)钢平台上放置侧模及相关预埋件,如线盒、套管等。

(4)脱模剂喷洒机喷洒脱模剂。

(5)钢筋自动调直切割,格构钢筋切割。

(6)人工操作放置钢筋及格构钢筋,绑扎。

(7)混凝土分配机浇筑,平台振捣(若为叠合墙板,此处多一道翻转工艺)。

(8)立体式养护室养护。

(9)成品吊装堆垛。

3. 主要生产工序

用过的钢模板通过清洁机器,板面上留下的残留物被处理干净,同时由专人检查板面是否清洁,如图 4-35 所示。

全自动绘图仪收到主控电脑的数据后在清洁的钢模板上自动绘出预制件的轮廓及预埋件的位置,如图 4-36 所示。

图 4-35　清扫钢模板

图 4-36　自动画线

支完模板的钢模板将运行到下一工位,刷油机在钢模板上均匀地喷洒一层脱模剂,如图 4-37 所示。

图 4-37　喷洒脱模剂

在喷有脱模剂的钢模板上,按照生产详图放置带有塑料垫块支撑钢筋及所涉及的预埋件,机械手开始支模,如图 4-38 所示。

钢筋切割机根据计算机生产数据切割钢筋并按照设计的间距在钢模板上准确的位置摆放纵向受力钢筋、横向受力钢筋及钢筋桁架,如图 4-39 所示。

工人按照生产量清单输入搅拌混凝土的用量指令,混凝土搅拌设备从料场自动以传送带按混凝土等级要求和配备比提取定量的水泥、沙、石子及外加剂进行搅拌,并用斗车将搅拌好的混凝土输送到钢模上方的浇筑分配机,如图 4-40 所示。

浇筑斗由人工控制,按照用量进行浇筑。浇筑完毕后,启动钢模板下的振动器进行振捣密实,如图 4-41 所示。

振动密实的混凝土连同钢模板送入养护室,如图 4-42 所示。蒸汽养护 8h,可达到构件设计强度的 75%。养护完毕的成品预制件被送至厂区堆场。自然养护一天后即可直接送到工地进行吊装。预制构件翻板脱模如图 4-43 所示。

图 4-38　机械手支模

图 4-39　摆放钢筋

图 4-40　混凝土搅拌站

图 4-41　混凝土浇筑成型

图 4-42　构件蒸养

图 4-43　预制构件翻板脱模

4.3 预制构件生产质量通病分析 ·······················

预制装配式建筑通过前期的设计和策划,可以将二次结构、保温、门窗、外墙装饰等在预制装配设计时集合到预制构件中,大幅度减少现场施工和二次作业,解决了不少现浇建筑的质量问题。同时,行业发展速度快、熟练工人少、产业配套不成熟等因素,导致预制混凝土构件在生产过程中普遍存在三类质量通病。

（1）结构质量通病:这类质量通病可能影响到结构安全,属于严重质量缺陷。

（2）尺寸偏差通病:这类质量问题不一定会造成结构缺陷,但可能影响建筑功能和施工效率。

（3）外观质量通病:这类质量通病对结构、建筑通常都没有很大影响,属于次要质量缺陷,但在外观要求较高的项目(如清水混凝土项目)中,这类问题就会成为主要问题。同时,由外观质量通病所隐含的构件内在质量问题也不容忽视。

4.3.1 结构质量通病

1.混凝土强度不足

1) 问题描述

PC 构件出池强度不足,运输强度不足或安装强度不足,也可能使最终结构强度不足。传统的预制构件,在带模板蒸汽养护的情况下,可以一次养护完成,同条件试件达到设计强度100%以上才出池,同时满足运输、安装和使用的要求。但目前很多构件厂 PC 构件出池强度偏低,后期养护措施又不到位,在运输、安装过程中容易造成缺棱掉角,甚至存在结构内在质量缺陷。有时还会产生安全问题,因为所有锚固件、预埋件均是基于混凝土设计标准值考虑的,但生产、运输、安装过程混凝土强度不足可能导致锚固力不足,从而存在安全隐患。

2) 原因分析

直接原因是混凝土养护时间短,措施不到位,缺乏过程混凝土强度监控措施。根本原因是技术管理人员对 PC 构件过程混凝土质量管理不熟悉、不重视、不严格。

3) 预防措施

针对 PC 使用的混凝土配合比,可制作混凝土强度增长曲线供质量控制参考;制定技术方案时要结合施工需要确定混凝土合理的出池、出厂、安装强度;针对日常生产的混凝土,每天做同条件养护试件若干组,并根据需要试压;做好混凝土出池后各阶段的养护;混凝土强度尚未达到设计值的 PC 构件,应有专项技术措施确保质量安全。

4) 处理方法

对施工过程中发现的混凝土强度不足问题,应当继续加强养护,并用同条件试块、回弹等方法检测强度,满足要求方可继续施工;对最终强度达不到设计要求的,应当根据最终值提请设计院和监理工程师洽商,是否可以降低标准使用(让步接收),确实无法满足结构要求的,构件报废,结构返工重做。

2.钢筋或结构预埋件尺寸偏差过大

1) 问题描述

PC 构件钢筋或结构预埋件（灌浆套筒、预埋件、连接螺栓等）位置偏差过大，如图 4-44 所示，轻则影响外观和构件安装，重则影响结构受力。

图 4-44　预留钢筋长度偏差大

2）原因分析

构件深化设计时未进行碰撞检查；钢筋半成品加工质量不合格；吊运、临时存放过程中没有做防变形支架；钢筋及预埋件未用工装定位牢固；混凝土浇筑过程中钢筋骨架变形、预埋件跑位；外露钢筋和预埋件在混凝土终凝前没有进行二次矫正；过程检验不严格，技术交底不到位。

3）预防措施

深化设计阶段应用 BIM 技术进行构件钢筋之间、钢筋与预埋件预留孔洞之间的碰撞检查；采用高精度机械进行钢筋半成品加工；结合安装工艺，考虑预留钢筋与现浇段的钢筋的位置关系；钢筋绑扎或焊接必须牢固，固定钢筋骨架和预埋件的措施可靠有效；浇筑混凝土之后要专门安排工人对预埋件和钢筋进行复位；严格执行检验程序。

4）处理方法

对施工过程中发现的钢筋和预埋件偏位问题，应当及时整改，没有达到标准要求不能进入下一道工序；对已经形成的钢筋和预埋件偏位，能够复位的尽量复位，不能复位的要测量数据，提请设计院和监理工程师洽商，是否可以降低标准使用（让步接收），确实无法满足结构要求的，构件报废，结构返工重做。

3. 钢筋保护层厚度不合格

1）问题描述

构件钢筋的保护层偏差大（过小或过大），如图 4-45 所示。从外观可能看不出来，但通过仪器可以检测出，这种缺陷会影响构件的耐久性或结构性能。

2）原因分析

钢筋骨架合格但构件尺寸超差；钢筋半成品或骨架成型质量差；模板尺寸不符合要求；保护层厚度垫块不合格（尺寸不对或者偏软）；混凝土浇筑过程中，钢筋骨架被踩踏；技术交底不到位；质量检验不到位。

3）预防措施

应用 BIM 技术进行构件钢筋保护层厚度模拟，将不同保护层厚度进行协调，便于控制；采用符合要求的保护层厚度垫块；加强钢筋半成品、成品保护；混凝土浇筑过程中应采取措施，严禁砸、压、踩踏和直接顶撬钢筋；双层钢筋之间应有足够多的防塌陷支架；加强质量检验。

图 4-45　构件保护层厚度不足

4）处理方法

钢筋保护层厚度不合格，如果是由于钢筋偏位导致的，经设计、监理会商同意可使用，但要有特殊保障措施，否则报废；如果是由于构件本身尺寸偏差过大，则要具体分析是否可用。钢筋保护层厚度看似是个小问题，但一旦发生很难处理，而且往往是大面积系统性的，应当引起重视。

4. 裂缝

1）问题描述

裂纹从混凝土表面延伸至混凝土内部，按照深度不同可分为表面裂纹、深层裂纹、贯穿裂纹。贯穿性裂缝或深层的结构裂缝，对构件的强度、耐久性、防水等造成不良影响，对钢筋的保护尤其不利，如图 4-46 所示。

图 4-46　预制构件产生的裂缝

2）原因分析

混凝土开裂的成因很复杂，但最根本的原因就是混凝土抗拉强度不足以抵抗拉应力。混凝土的抗拉强度较低，一般只有几个兆帕，而产生拉应力的原因很多，常见的有：干燥收缩、化学收缩、降温收缩、局部受拉等。直接原因可能来自养护期表面失水、升温降温太快、吊点位置不对、支垫位置不对、施工措施不当导致构件局部受力过大等。混凝土在整个水化硬化过程中强度持续增长,当混凝土强度增长不足以抵抗所受拉应力时,会出现裂纹。拉应力持续存在,则裂纹持续出现。压应力也可能产生裂纹,但这种裂纹伴随的是混凝土整体破坏,一般很少见。

3)预防措施

合理的构件结构设计,尤其是针对施工荷载的构造配筋;优化混凝土配合比,控制混凝土自身收缩;采取措施做好混凝土强度增长关键期(水泥水化反应前期)的养护工作;制定详细的构件吊装、码放、倒运、安装方案并严格执行;对于清水混凝土构件,应及时涂刷养护剂和保护剂。

4)处理方法

裂纹处理的基本原则是首先要分析清楚形成的原因,如果是长期存在的应力造成的裂纹,首先要想办法消除应力或者将应力控制在可承受范围内;如果是短暂应力造成的裂纹,应力已经消除,则主要处理已形成的缝。表面裂纹(宽度小于 0.2 mm,长度小于 30 mm,深度小于 10 mm),一般不影响结构,主要措施是将裂纹封闭,以免水汽进入构件肌体,引起钢筋锈蚀;对于较宽、较深甚至是贯通的裂纹,要采取灌注环氧树脂的方法将内部裂纹填实,再进行表面封闭。超过规范规定的裂纹,应制定专项技术方案报设计和监理审批后执行。已经破坏严重的构件,则已无修补必要。

5. 灌浆孔堵塞

1)问题描述

当采用灌浆套筒进行钢筋连接时,会出现灌浆孔(管道)被堵塞的情形,严重影响套筒灌浆质量,应当引起重视,如图 4-47 所示。

图 4-47 灌浆孔堵塞

2)原因分析

封堵套筒端部的胶塞过大;灌浆管在混凝土浇筑过程中被破坏或折弯;灌浆管定位工装移位;水泥浆漏浆进入套筒;采用坐浆法安装墙板时坐浆料太多,挤入套筒或灌浆管;灌浆管保护措施不到位,有异物掉入。

3)预防措施

优化套筒结构,便于施工质量保证;做好灌浆管的固定和保护,工装应安全可靠;混凝土浇筑时避免碰到灌浆管及其定位工装;严格执行检验制度,在灌浆管安装、混凝土浇筑、成品验收时都要检验灌浆管的畅通性。

4）处理方法

对堵塞的灌浆管，要剔除周边混凝土，直到具备灌浆条件，待套筒灌浆完成后采用修补缺棱掉角的方法修补。剔凿后仍然不能确保灌浆质量的构件，制定补强方案提请设计和监理审核处理。

4.3.2 尺寸偏差通病

1.构件尺寸偏差、平整度不合格

1）问题描述

PC 构件外形尺寸偏差、表面平整度、轴线位置超过规范允许偏差值，如图 4-48 所示。

(a)外形尺寸偏差　　　　　　　　　　(b)表面平整度不合格

图 4-48　构件尺寸偏差、平整度不合格

2）原因分析

模板定位尺寸不准，没有按施工图纸进行施工放线或误差较大；模板的强度和刚度不足，定位措施不可靠，混凝土浇筑过程中移位；模板使用时间过长，出现了不可修复的变形；构件体积太大，混凝土流动性太大，导致浇筑过程模具跑位；构件生产出来后码放、运输不当，导致出现塑性变形。

3）预防措施

优化模板设计方案，确保模板构造合理，刚度足够完成任务；施工前认真熟悉设计图纸，首次生产的产品要对照图纸进行测量，确保模具合格，构件尺寸正确；模板支撑机构必须具有足够的承载力、刚度和稳定性，确保模具在浇筑混凝土及养护的过程中，不变形、不失稳、不跑模；振捣工艺合理，模板不受振捣影响而变形；控制混凝土坍落度不要太大；在浇筑混凝土过程中，及时发现松动、变形的情形，并及时补救；做好二次抹面压光；做好码放、运输技术方案并严格执行；严格执行"三检"制度。

4）处理方法

预制构件不应有影响结构性能和使用功能的尺寸偏差；对超过尺寸允许偏差要求且影响结构性能、设备安装、使用功能的结构部位，可以采取打磨、切割等方式处理。尺寸超差严重的，应由施工单位提出技术处理方案，并经设计单位及监理（建设）单位认可后进行处理。对经处理后的部位，应重新验收。

2. 预埋件尺寸偏差

1）问题描述

PC 构件中的各种线盒、管道、吊点、预留孔洞等中心点位移、轴线位置超过规范允许偏差值。这类问题非常普遍,虽然对结构安全没有影响,但严重影响外观和后期装饰装修工程施工。

2）原因分析

设计不够细致,存在尺寸冲突;定位措施不可靠,容易移位;工人施工不够细致,没有固定好;混凝土浇筑过程中被振捣棒碰撞;抹面时没有认真采取纠正措施。

3）预防措施

深化设计阶段应采用 BIM 模型进行预埋件放样和碰撞检查;采用磁盒、夹具等固定预埋件,必要时采用螺丝拧紧;加强过程检验,切实落实"三检"制度;浇筑混凝土过程中避免振动棒直接碰触钢筋、模板、预埋件等;在浇筑混凝土完成后,认真检查每个预埋件的位置,及时发现问题,进行纠正。

4）处理方法

混凝土预埋件、预留孔洞不应有影响结构性能和装饰装修的尺寸偏差。对超过尺寸允许偏差要求且影响结构性能、装饰装修的预埋件,需要采取补救措施,如多余部分切割、不足部分填补、偏位严重的挖掉重植等。有的严重缺陷,应由施工单位提出技术处理方案,并经设计单位及监理(建设)单位认可后进行处理。对经处理后的部位,应重新验收。

3. 缺棱、掉角

1）问题描述

构件边角破损,影响到尺寸测量和建筑功能,如图 4-49 所示。

图 4-49　缺棱、掉角

2）原因分析

设计配筋不合理,边角钢筋的保护层过大;施工(出池、运输、安装)过程混凝土强度偏低,易破损;构件或模具设计不合理,边角尺寸太小或易损;拆模操作过猛,边角受外力或重物撞击;脱模剂没有涂刷均匀,导致拆模时边角粘连被拉裂;出池、倒运、码放、吊装过程中,因操作不当引起构件边角等位置磕碰。

3）预防措施

优化构件和模具设计,在阴角、阳角处应尽可能做倒角或圆角,必要时增加抗裂构造配筋;控制拆模、码放、运输、吊装强度,移除模具的构件,混凝土绝对强度不应少于 20 MPa;拆模时应注意保护棱角,避免用力过猛;脱模后的构件在吊装和安放过程中,应做好保护工作;加强质量管理,有奖有罚。

4）处理方法

对崩边、崩角尺寸较大(超过 20 mm)位置,首先进行破损面清理,去除浮渣,然后用结构胶涂刷结合面,使用加专用修补剂的水泥基无收缩高强砂浆进行修补(修补面较大应加构造配筋或抗裂纤维),修补完成后保湿养护不少于 48 小时,最后做必要的表面修饰。超过规范允许范围要报方案经设计、监理同意,不能满足规范要求的报废处理。

4. 孔洞、蜂窝、麻面

1）问题描述

孔洞(见图 4-50)是指混凝土中孔穴深度和长度均超过保护层厚度;蜂窝(见图 4-51)是指混凝土表面缺少水泥砂浆而形成石子外露;麻面(见图 4-52)是指构件表面上呈现无数的小凹点,而无钢筋暴露的现象。

图 4-50　孔洞

图 4-51　蜂窝

图 4-52　麻面

2）原因分析

混凝土欠振,不密实;隔离剂涂刷不均匀,粘模;钢筋或预埋件过密,混凝土无法正常通过;边角漏浆;混凝土和易性差,泌水或分离;混凝土拆模过早,粘模;混凝土骨料粒径与构件配筋不符,不易通过间隙。

3）预防措施

深化设计阶段应认真研究钢筋、预埋件情况，为混凝土浇筑创造条件；模板每次使用前应进行表面清理，保持表面清洁光滑；采用适合的脱模剂；做好边角密封（不漏水）；采用最大粒径符合规范要求的混凝土；按规定或方案要求合理布料，分层振捣，防治漏振；对局部配筋或工装过密处，应事先制定处理措施，保证混凝土能够顺利通过；严格控制混凝土脱模强度（一般不低于15 MPa）。

4）处理方法

对于表面蜂窝、麻面，刷洗干净后，用掺细砂的水泥砂浆将露筋部位抹压平整，并认真养护。对于较深的孔洞，将表面混凝土清除后，应观察内部结构，如果发现空洞内部空间较大或者构件两面同时出现空洞，应引起重视。如果缺陷部位在构件受压的核心区，应进行无损检测，确保混凝土抗压强度合格方能使用。必要时进行钻芯取样检查，检查后认为密实性不影响结构的，也要进行注浆处理，检查后不能确定缺陷程度或者不密实范围超过规范要求的，构件应该报废处理。内部填充密实后，表面用修补麻面的办法修补。

4.3.3 外观质量通病

1. 色差

1）问题描述

混凝土为一种多组分复合材料，表面颜色常常不均匀，如图 4-53 所示，有时形成非常明显的反差。

图 4-53　构件有色差

2）原因分析

形成色差的原因很多，总的来说有几方面：不同配合比颜色不一致；原材料变化导致混凝土颜色变化；养护条件、湿度条件、混凝土密实性不同导致混凝土颜色差异；脱模剂、模板材质不同导致混凝土颜色差异。

3）预防措施

保持混凝土原材料和配合比不变；及时清理模板，均匀涂刷脱模剂；加强混凝土早期养护，做到保温保湿;控制混凝土坍落度和振捣时间,确保混凝土振捣均匀(不欠振,不过振);表面抹面工艺稳定。

4)处理方法

养护过程形成的色差,可以不用处理,随着时间推移,表面水化充分之后色差会自然减弱;对于配合比、振捣密实性、模板材质变化引起的色差,如果是清水混凝土其实也不用处理,只用涂刷表面保护剂。实在是影响观感的色差,可以用带胶质的色浆进行调整,调整色差的材料不应影响后期装修。

2. 砂斑、砂线、起皮

1)问题描述

混凝土表面出现条状起砂的细线(见图4-54)或斑块(见图4-55),有的地方起皮,皮掉了之后形成砂毛面(见图4-56)。

图 4-54　砂线

图 4-55　斑砂

2)原因分析

直接原因是混凝土和易性不好,泌水严重。深层次的原因是骨料级配不好、砂率偏低、外加剂保水性差、混凝土过振等。表面起皮的一个重要原因是混凝土二次抹面不到位,没有把泌水形

图 4-56 起皮

成的浮浆压到结构层里；同时也可能是蒸汽养护升温速度太快，引起表面爆皮。

3）预防措施

选用普通硅酸盐水泥；通过配合比确定外加剂的适宜掺量；调整砂率和掺合料比例，增强混凝土粘聚性；采用连续继配和二区中砂；严格控制粗骨料中的含泥量、泥块含量、石粉含量、针片状含量；通过试验确定合理的振捣工艺（振捣方式、振捣时间）；采用吸水型模具（如木模）。表面起皮的构件，应当加强二次抹面质量控制，同时严格控制构件养护制度。

4）处理方法

对缺陷部位进行清理后，用含结构胶的细砂水泥浆进行修补，待水泥浆体硬化后，用细砂纸将整个构件表面均匀地打磨光洁，如果有色差，应调整砂浆配合比。

3. 污迹

1）问题描述

由于混凝土表面为多孔状，极容易被油污、锈迹、粉尘等污染，形成各种污迹，难以清洗。

2）原因分析

模具初次或停留时间长不用时清理不干净，有易掉落的氧化铁红铁黑；脱模剂选择不当，涂刷太厚或干燥太慢，沾染灰尘过多；模具使用过程中清理不干净，粘有太多浮渣；构件成品保护不到位，外来脏东西污染到表面。

3）预防措施

模具初次使用时清理干净，使用过程中每次检查；优选脱模剂，宜选用清油、蜡质或者水性钢模板专用脱模机，不能用废机油、色拉油等；制定严格的成品保护措施，严禁踩踏、污水泼洒等。

4）处理方法

构件表面的污迹要根据成因进行清洗：酸性物质宜采用碱性洗涤剂；碱性（铁锈）物质宜采用酸性（草酸）洗涤剂；有机类污物（如油污）宜采用有机洗涤剂（洗衣粉）。用毛刷轻刷应该就可以清洗干净。用钢丝刷容易形成新的色差。

4. 气孔

1）问题描述

混凝土表面分布有直径为 0.5～5 mm 的小气孔（见图 4-57），有的地方还特别密集，影响观感。

图 4-57　气孔

2）原因分析

配合比不当，混凝土内部黏滞力大，气泡不能溢出；外加剂与水泥和掺合料不匹配，引气多；脱模机选择不当，黏滞气泡；脱模剂涂刷太多且不均匀，对模板表面气泡形成黏滞作用；混凝土坍落度过小，气泡没有浆体浮力助推；振捣时间不够，气泡没有被振出；混凝土表面粘模（拆模太早或脱模机没有发挥作用），被粘下一层皮来。

3）预防措施

优选外加剂、脱模剂、模板；根据需要做好配合比试验；试验确定合理的振捣工艺（振捣方式、时间等）；严格清理模板和涂刷脱模剂；严格控制拆模时混凝土的强度（一般不小于15 MPa）。

4）处理方法

对表面局部出现的气泡，采用相同品种、相同强度等级的水泥拌制成水泥浆体，修复缺陷部位，待水泥浆体硬化后，用细砂纸将整个构件表面均匀地打磨光洁，并用水冲洗洁净，确保表面无色差。

4.4　预制构件的存放与运输

4.4.1　预制构件的存放

1.预制构件存放要求

存放场地应平整坚实，并具有排水措施，堆放构件时应使构件与地面之间留有一定空隙。根据构件的刚度及受力情况，确定构件平放或立放，板类构件一般宜采用叠合平放，对宽度等于及小于500 mm的板，宜采用通长垫木；大于500 mm的板，可采用不通长的垫木。垫木应上下对齐，在一条垂直线上；大型桩类构件宜平放。薄腹梁、屋架、桁架等宜立放。构件的断面高宽比大于2.5，下部应加支撑或有坚固的堆放架，上部应拉牢固定，以免倾倒。墙板类构件宜立放，立放又可分为插放和靠放两种方式。插放时场地必须清理干净，插放架必须牢固，挂钩工应扶稳构件,垂直落地,靠放时应有牢固的靠放架,必须对称靠放和吊运,其倾斜角度应保持大于80°,板的上部应用垫块隔开。

构件的最多堆放层数应按构件强度、地面耐压力、构件形状和重量等因素确定。预制叠合板、楼梯、内外墙板、梁的存放,如图4-58~图4-61所示。

图 4-58　叠合板的存放

图 4-59　楼梯的存放

图 4-60　墙板的存放

图 4-61　梁的存放

2. 预制构件存放的注意事项

存放前应先对构件进行清理。构件清理标准为套筒、埋件内无残余混凝土、粗糙面分明、光面上无污渍、挤塑板表面清洁等。套筒内如有残余混凝土,应及时清理。埋件内如有混凝土残留现象,应用与埋件匹配型号的丝锥进行清理,操作丝锥时需要注意不能一直向里拧,要遵循"进两圈回一圈"的原则,避免丝锥折断在埋件内,造成不必要的麻烦。外露钢筋上如有残余混凝土需进行清理。检查是否有卡片等附件漏卸现象,如有漏卸,及时拆卸后送至相应班组。

将清理完的构件装到摆渡车上,起吊时避免构件磕碰,保证构件质量。摆渡车由专门的转运工人进行操作,操作时应注意摆渡车轨道内严禁站人,严禁人车分离操作,人与车的距离保持在2~3 m,将构件运至堆放场地。然后指挥吊车将不同型号的构件码放。

预制构件应按吊装、存放的受力特征选择卡具、索具、托架等吊装和固定维稳措施。对于清水混凝土构件,要做好成品保护,可采用包裹、盖、遮等有效措施。预制构件存放处2 m范围内不应进行电焊、气焊作业。

4.4.2 预制构件的运输

1.预制构件的运输准备

预制混凝土构件如果在存储、运输、吊装等环节发生损坏将会很难补修,既耽误工期又造成经济损失。因此,大型预制混凝土构件的存储工具与物流组织非常重要。构件运输的准备工作主要包括:制定运输方案、设计并制作运输架、验算构件强度、清查构件及查看运输路线。

1)制定运输方案

此环节需要根据运输构件实际情况,装卸车现场及运输道路的情况,施工单位或当地的超重机和运输车辆的供应条件以及经济效益等因素综合考虑,最终选定运输方法、选择起重机械(装卸构件用)、运输车辆和运输路线。运输路线的制定应按照客户指定的地点及货物的规格和重量制定特定的路线,确保运输条件与实际情况相符。

2)设计并制作运输架

根据构件的重量和外形尺寸进行设计制作,且尽量考虑运输架的通用性。

3)验算构件强度

对钢筋混凝土屋架和钢筋混凝土柱子等构件,根据运输方案所确定的条件,验算构件在最不利截面处的抗裂度,避免在运输中出现裂缝。如有出现裂缝的可能,应进行加固处理。预制构件的运输要待混凝土强度达到100%进行起吊,预应力构件当无设计要求时,出厂时的混凝土强度不应低于混凝土立方体抗压强度设计值的75%。

4)清查构件

清查构件的型号、质量和数量,有无加盖合格印和出厂合格证书等。

5)查看运输路线

在运输前再次对路线进行勘查,对于沿途可能经过的桥梁、桥洞、电缆、车道的承载能力,通行高度、宽度、弯度和坡度,沿途上空有无障碍物等实地考察并记载,制定出最佳顺畅的路线,需要实地现场的考察,如果凭经验和询问很有可能发生许多意料之外的事情,有时甚至需要交通部门的配合等,因此这点不容忽视。在制定方案时,每处需要注意的地方需要注明。如不能满足车辆顺利通行,应及时采取措施。此外,应注意沿途是否横穿铁道,如有应查清火车通过道口的时间,以免发生交通事故。

2.主要运输方式

在低盘平板车上按照专用运输架,墙板对称靠放或者插放在运输架上。

对于内、外墙板和PCF板等竖向构件多采用立式运输方案,竖向或页数形状的墙板宜采用插放架,运输竖向薄壁构件、复合保温构件时应根据需要设置支架,例如墙体运输,如图4-62所示,对构件边角部或与紧固装置接触处的混凝土宜采用衬垫加以保护,运输时应采取绑扎固定措施。当采用图4-62所示方法,靠放运输墙板构件时,靠架应具有足够的承载力和刚度,与地面倾角宜大于80°;墙板宜对称靠放且外饰面朝外,构件上部宜采用木垫块隔离。当采用插放架运输墙板构件时,宜采取直立运输方式,插件应具有足够的承载力和刚度,并应支垫稳固。当采取叠层平放的方式运输构件时,应采取防止构件产生裂缝的措施。

平层叠放运输方式:将预制构件平放在运输车上,一件件往上叠放在一起进行运输。叠合板、阳台板、楼梯、装饰板等水平构件多采用平层叠放运输方式。叠合楼板:标准6层/叠,不影响质量安全可到8层,堆码时按产品的尺寸大小堆放;预应力板:堆码8~10层/叠;叠合梁:2~

3层/叠(最上层的高度不能超过挡边一层),考虑是否有加强筋向梁下端弯曲。

除此之外,对于一些小型构件和异型构件,多采用散装方式进行运输。

图 4-62 墙体运输

构件运输宜选用低平板车;成品运输时不能急刹车,运输轨道应在水平方向无障碍物,运输车速平稳缓慢,不能使成品处于颠簸状态,一旦损坏必须返修。运输车速一般不应超过60 km/h,转弯时应低于40 km/h。大型预制构件平板拖车运输,时速宜控制在5 km/h以内。

简支梁的运输,除在横向加斜撑防倾覆外,平板车上的搁置点必须设有转盘;运输超高、超宽、超长构件时,必须向有关部门申报,经批准后,在指定路线上行驶。牵引车上应悬挂安全标志。超高的部件应有专人照看,并配备适当工具,保证在有障碍物情况下安全通过;平板拖车运输构件时,除一名驾驶员主驾外,还应指派一名助手协助,及时反映安全情况和处理安全事宜。平板拖车上不得坐人;重车下坡应缓慢行驶,并应避免紧急刹车。

驶至转弯或险要地段时,应降低车速,同时注意两侧行人和障碍物;在雨、雪、雾天通过陡坡时,必须提前采取有效措施;装卸车应选择平坦、坚实的路面为装卸地点。装卸车时,机车、平板车均应刹闸。

3. 主要存储方式

现目前,国内的预制混凝土构件的主要储存方式有车间内专用储存架或平层叠放,室外专用储存架、平层叠放或散放。

4. 控制合理运输半径

合理运距的测算主要是以运输费用占构件销售单价比例为考核参数。通过运输成本和预制构件合理销售价格分析,可以较准确地测算出运输成本占比与运输距离的关系,根据国内平均或者世界上发达国家占比情况反推合理运距。

合理运输半径测算:从预制构件生产企业布局的角度,合理运输距离由于还与运输路线相关,而运输路线往往不是直线,运输距离还不能直观地反映布局情况,故提出了合理运输半径的概念。从预制构件厂到预制构件使用工地的距离并不是直线距离,况且运输构件的车辆为大型运输车辆,因交通限行超宽超高等原因经常需要绕行,所以实际运输线路更长。

根据预制构件运输经验,实际运输距离平均值比直线距离长20%左右,因此将构件合理运输半径确定为合理运输距离的80%较为合理。因此,以运费占销售额8%估算合理运输半径约为100 km。合理运输半径为100 km意味着,以项目建设地点为中心,以100 km为半径的区域内的生产企业,其运输距离基本可以控制在120 km以内,从经济性和节能环保的角度,处于合理范围。

总的来说，如今国内的预制构件运输与物流的实际情况还有很多需要提升的地方。目前，虽然有个别企业在积极研发预制构件的运输设备，但总体来看还处于发展初期，标准化程度低，存储和运输方式较为落后。同时受道路、运输政策及市场环境的现状和影响，运输效率不高，构件专用运输车还比较缺乏且价格较高。

4.4.3　预制构件堆放

1. 构件堆场基本要求

预制构件堆放应符合下列规定。

（1）堆放场地应为吊车工作范围内的平坦场地。

（2）构件的临时堆场应尽可能设置在吊机的辐射半径内，减少现场的二次搬运，同时构件临时堆放场应平整坚实，有排水设施。

（3）堆放场地应平整、坚实并应有排水措施。

（4）预埋吊件应朝上、标识应朝向堆垛间的通道。

（5）构件支垫应坚实，垫块在构件下的位置宜与脱膜、吊装时的起吊位置一致。

（6）重叠堆放构件时，每层构件的垫块应上下对齐、堆垛层数应根据构件、垫块的承载力确定，并应根据需要采取防止堆垛倾覆的措施。

（7）堆放预应力构件时，应根据构件起拱值的大小和堆放时间采取相应措施。

2. 进场验收

构件进场后，检查人员应检查预制构件数量和质量证明文件及出厂标志（标志内容：构件编号、制作日期、合格状态、重量、生产单位等），就构件外观、编号、尺寸偏差、预埋件、吊环、吊点、预留洞的尺寸偏差等信息进行检查。经检查后一般缺陷修补，严重缺陷不得使用。

对于楼梯，编号、生产日期等信息，测量楼梯段的宽度、预埋焊接钢板距边缘的距离、验收楼梯的厚度、台阶宽度、踏步高度、宽度、栏杆预埋件的位置，如图 4-63 所示。

图 4-63　预制楼梯构件进场复检

对于阳台板，测量地漏距边缘的距离，测量锚固钢筋的长度、空调板的厚度。

对于叠合楼板应采集叠合楼板的编号、生产日期等信息，测量叠合板的长度、主筋的间距及数量,测量叠合板桁架钢筋距离叠合板板面的高度(此距离是为了保证预埋管从钢筋桁架下穿过),测量预埋套管的位置,测量预埋灯盒的距离。

3.构件堆放要求

预制构件进场后应按型号、构件所在部位、施工吊装顺序分别设置堆垛。构件的堆放应满足现场平面布置的要求,满足吊装的要求,满足构件强度的要求。

各类构件应分别满足以下要求。

(1)预制实心墙板入场堆放要求:预埋吊件应朝上,标识宜朝向堆垛间的通道;构件支撑应坚实,垫块在构件下的位置与脱模、吊装时的起吊位置一致。

(2)预制柱、梁入场堆放要求:按照就近吊装原则的位置堆放,水平放置并用垫木支撑。

(3)叠合板入场堆放要求:预埋吊件应朝上,标识宜朝向堆垛间的通道。构件支撑应坚实,垫块在构件下的位置与脱模、吊装时的起吊位置一致。重叠堆放构件时,每层构件间的垫块应上下对齐,堆垛层数应根据构件、垫块的承载力确定,最多不超过5层,如图4-64所示。

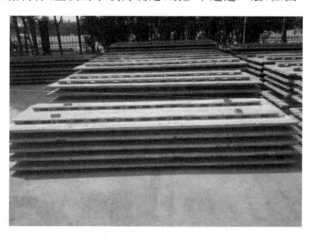

图 4-64　叠合板堆放示意

(4)墙板堆放应要求:当采用靠放架堆构件时,靠放架应具有足够的承载力和刚度,与地面倾角宜大于80°;墙板宜对称靠放且外饰面朝外,构件上部宜采用木垫块隔离。当采用插放架堆放构件时,宜采取直立运输方式,插件应具有足够的承载力和刚度,并应支垫稳固。当采取叠层平放的方式堆放构件时,应采取防止构件产生裂缝的措施。

4.5　预制构件的生产管理

4.5.1　生产质量管理

构件厂生产的预制构件与传统现浇施工相比,具有作业条件好、不受季节和天气影响、作业人员相对稳定、机械化作业、降低工人劳动强度等优势,因此构件质量更容易保证。传统现浇施工的构件尺寸误差为5~20 mm,预制构件的误差可以控制在1~5 mm,并且表面观感质量较好,能够节省大量的抹灰找平材料,减少原材料的浪费和工序。预制构件作为一种工厂生产的半成品,质量要求非常高,没有返工的机会,一旦发生质量问题,可能比传统现浇造成的经济损失更大。可以说预制构件生产是"看起来容易，要做好很难"的一个行业，由传统建筑业转行进入预制构件生产领域，在技术、质量、管理等方面需要应对诸多挑战。如果技术先进、管理到位，则生产出的预制构件质量好、价格低；而技术落后、管理松散，生产出的预制构件质量差、价格高，也存在个别预制构件的质量低于现浇方式。

影响预制构件质量的因素很多，总体上来说，要想预制构件质量过硬，首先要端正思想、转变观念，坚决摒弃"低价中标、以包代管"的传统思路，建立起"优质优价、奖优罚劣"的制度和精细化管理的工程总承包模式；其次应该尊重科学和市场规律，彻底改变传统建筑业中落后的管理方式方法，对内、对外都建立起"诚信为本、质量为根"的理念。

1. 人员素质对构件质量的影响

在大力推进装配式建筑的进程中，管理人员、技术人员和产业工人的缺乏是非常重要的制约因素，甚至成为装配式建筑推进过程中的瓶颈问题。这不但会影响预制构件的质量，还对生产效率、构件成本等方面产生了较大的影响。

预制构件厂属于"实业型"企业，需要有大额的固定资产投资，为了满足生产要求，需要大量的场地、厂房和工艺设备投入，硬件条件要求远高于传统现浇施工方式。同时还要拥有相对稳定的熟练产业工人队伍，各工序和操作环节之间相互配合才能达成默契，减少各种错漏碰缺的发生，以保证生产的连续性和质量稳定性，只有经过人才和技术的沉淀，才能不断提升预制构件质量和经济效益。

产品质量是技术不断积累的结果，质量一流的预制构件厂，一定拥有一流的技术和管理人才，从系统性角度进行分析，为了保证预制构件的质量稳定，首当其冲的是人才队伍的相对稳定。

2. 生产装备和材料对预制构件质量的影响

预制构件作为组成建筑的主要半成品，质量和精度要求远高于传统现浇施工，高精度的构件质量需要优良的模具和设备来制造，同时需要保证原材料和各种特殊配件的质量优良，这是保证构件质量的前提条件。离开这些基本条件，即使是再有经验的技术和管理人员以及一线工人，也难以生产出优质的构件，甚至出现产品达不到质量标准的情况。从目前多数预制构件厂的建设过程来看，无论是设备、模具还是材料的采购，低价中标仍是主要的中标条件，逼迫供应商压价竞争也还是普遍现象，在这种情况下，难以买到好的材料和产品，也很难做出高品质的预制构件。

模具的好坏影响着构件质量，判断预制构件模具好坏的标准包括：精度好、刚度大、重量轻、方便拆装，以及售后服务好。但在实际采购过程中，往往考虑成本因素，采用最低价中标，用最差最笨重的模具与设计合理、质量优良的模具进行价格比较，最终选用廉价的模具，造成生产效率低、构件质量差等一系列问题，还存在拖欠供应商的货款导致服务跟不上等问题。

"原材料质量决定构件质量"的道理很浅显，原材料不合格肯定会造成产品质量缺陷，但在原材料采购环节，有一些企业缺乏经验，简单地进行价格比较，不能有效把控质量。一些承重和受力的配件如果存在质量缺陷，将有可能导致在起吊运输环节产生安全问题，或者砂石原材料质量差，出问题后代价会很大，这些问题的出现并不是签订一个严格的合同条款，把责任简单地转嫁给供应商就可以解决，其实问题的源头就是采购方追求低价，是"以包代管"思想作祟的结果。

3. 技术和管理对预制构件质量的影响

在预制构件的生产过程中，与传统现浇施工相比，需要掌握新技术、新材料、新产品、新工艺，进行生产工艺研究，并对工人进行必要的培训，还需协调外部力量参与生产质量管理，可以聘请外部专家和邀请供应商技术人员讲解相关知识，提高技术认识。

预制构件作为装配式建筑的半成品,若存在无法修复的质量缺陷,基本上没有返工的机会,构件的质量好坏对于后续的安装施工影响很大,构件质量不合格会产生连锁反应,因此生产管理也显得尤为重要。

生产管理方面可采取以下措施。

(1)应建立质量管理制度,如 ISO 9000 系列的认证、企业的质量管理标准等,并严格落实监督执行。在具体操作过程中,针对不同的订单产品,应根据构件生产特点制定相应到位、明确每个操作岗位的质量检查程序、检查方法,并对工序之间的交接进行质量检查,以保证制度的合理性和可操作性。

(2)应指定专门的质量检查员,根据质量管理制度进行落实和监督,以防止质量管理流于形式,重点对原材料质量和性能、混凝土配合比、模具组合精度、钢筋及埋件位置、养护温度和时间、脱模强度等内容进行监督把控,检查各项质量检查记录。

(3)应对所有的技术人员、管理人员、操作工人进行质量管理培训,明确每个岗位的质量责任,在生产过程中严格执行工序之间的交接检查,由下道工序对上道工序的质量进行检查验收,形成全员参与质量管理的氛围。

(4)要做好预制构件的质量管理,并不是简单地靠个别质检员的检查,而是要将"品质为根"的质量意识植入每一个员工的心里,让每一个人主动地按照技术和质量标准做好每项工作,可以说好的构件质量是"做"出来的,而不是"管"出来的,是大家共同努力的结果。

4. 工艺方法对预制构件质量的影响

制作预制构件的工艺方法有很多,同样的预制构件,在不同的预制构件厂可能会采用不同的生产制作方法,不同的工艺做法可能导致不同的质量水平,生产效率也大相径庭。

以预制外墙为例,多数预制构件厂是采用卧式反打生产工艺,也就是室外的一侧贴着模板,室内一侧采用靠人工抹平的工艺方法,制作构件外表面平整光滑,但是内侧的预埋件很多就会影响生产效率,例如预埋螺栓、插座盒、套筒灌浆孔等会影响抹面操作,导致观感质量下降;如果采用正打工艺把室内一侧朝下,用磁性固定装置把内侧埋件吸附在模台上,室外一侧基本没有预埋件,抹面找平时就很容易操作,甚至可以采用抹平机,这样做出来的构件内外两侧都会很平整,并且生产效率高。

预制构件厂应该配备相应的工艺工程师,对各种构件的生产方法进行研究和优化,为生产配备相应的设施和工具,简化工序、降低工人的劳动强度。总体来说,越简单的操作质量越有保证,越复杂的技术越难以掌握、质量越难保证。

4.5.2 生产安全管理

预制构件生产企业应建立健全安全生产组织机构、管理制度、设备安全操作规程和岗位操作规范。

从事预制构件生产设备操作的人员应取得相应的岗位证书。特殊工种作业人员必须经安全技术理论和操作技能考核合格,并取得建筑施工特殊作业人员操作资格证书,应接受预制构生产企业规定的上岗培训,并应在培训合格后再上岗。预制构件制作厂区操作人员应配备合格的劳动防护用品。

预制墙板用保温材料、砂石等材料进场后,应存放在专门场地,保温材料堆放场地应有防火防水措施。易燃、易爆物品应避免接触火种,单独存放在指定场所,并应进行防火、防盗管理。

吊运预制构件时,构件下方严禁站人。施工人员应待吊物降落至离地 1m 以内再靠近吊物。预制构件应在就位固定后再进行脱钩。用叉车、行车卸载时,非相关人员应与车辆、构件保持安全距离。

特种设备应在检查合格后再投入使用。沉淀池等临空位置应设置明显标志,并应进行围挡。车间应进行分区,并设立安全通道。原材料进出通道、调运路线、流水线运转方向内严禁人员随意走动。

4.5.3　生产环境管理

预制构件生产企业在生产构件时,应严格按照操作规程、遵守国家的安全生产法规和环境保护法令,自觉保护劳动者生命安全,保护自然生态环境,具体做好以下几点。

(1) 在混凝土和构件生产区域采用收尘、除尘装备以及防止扬尘散布的设施。

(2) 通过修补区、道路和堆场除尘等方式系统地控制扬尘。

(3) 针对混凝土废浆水、废混凝土和构件的回收利用措施。

(4) 设置废弃物临时置放点,并应指定专人负责废弃物的分类、放置及管理工作。废弃物清运必须由合法的单位进行。有毒有害废弃物应利用密闭容器装存并及时处置。

(5) 生产装备宜选用噪声小的装备,并应在混凝土生产、浇筑过程中采取降低噪声的措施。

课后练习

一、单选题

1. 预制构件脱模起吊时混凝土的强度应根据有关规定计算确定,且不宜小于(　　)MPa。

A. 10　　　　　　　　B. 20　　　　　　　　C. 25　　　　　　　　D. 15

2. 当墙板采用靠放架堆放或运输构件时,靠放架应具有足够的承载力和刚度,与地面倾斜角度宜大于(　　)。

A. 45°　　　　　　　B. 60°　　　　　　　C. 80°　　　　　　　D. 90°

3. 夹芯外墙板宜采用平模工艺生产,下列顺序正确的是(　　)。

A. 安装保温材料和拉结件→外叶墙板混凝土层→内叶墙板混凝土层

B. 外叶墙板混凝土层→安装保温材料和拉结件→内叶墙板混凝土层

C. 内叶墙板混凝土层→外叶墙板混凝土层→安装保温材料和拉结件

D. 外叶墙板混凝土层→内叶墙板混凝土层→安装保温材料和拉结件

4. 下列关于预制构件存放说法错误的是(　　)。

A. 存放场地应平整、坚实,并应有排水措施

B. 存放库区宜实行分区管理和信息化台账管理

C. 应合理设置垫块支点位置,确保预制构件存放稳定

D. 产品标识应明确、耐久,预埋吊件应朝上,标识应向内

5. 预制楼板、叠合板、阳台板和空调板等构件叠放层数不宜超过(　　)层。

A. 4　　　　　　　　B. 5　　　　　　　　C. 6　　　　　　　　D. 7

6. 预制剪力墙中钢筋接头处套筒外侧钢筋的混凝土保护层厚度不应小于( ) mm。

A. 10   B. 15   C. 20   D. 25

7. 下列说法正确的是( )。

A. 露天生产遇下雨时应继续浇筑

B. 最后在混凝土收水或初凝前进行不少于 3 次压光

C. 每批制作强度检验试件不少于 3 组

D. 涂刷的多余脱模剂可不清理干净

8. 构件进行蒸汽养护时,升温速度控制在( )。

A. 15 ℃/小时   B. 33 ℃/小时

C. 35 ℃/小时   D. 30 ℃/小时

9. 混凝土构件脱模时,一般构件不得低于设计强度的( )。

A. 55%   B. 75%   C. 60%   D. 50%

10. 外墙板采用支架对称堆放,支架倾斜角度保持在( )之间。

A. 0°～5°   B. 5°～10°   C. 10°～15°   D. 15°～20°

11. 叠合楼板吊装,每块楼板至少需要( )吊点。

A. 2 个   B. 3 个   C. 4 个   D. 6 个

12. 若设计无要求,预制构件在运输时其混凝土强度至少应达到设计强度的( )。

A. 30%   B. 40%   C. 60%   D. 75%

13. 预制构件运输过程中以下措施中不正确的是( )。

A. 预制构件运输可选用低平板车或大吨位卡车

B. 运输车上需配置可靠的稳定构件措施与减震措施,防止预制构件移动、倾倒、变形,如在车厢底板上铺设槽钢等支垫

C. 运输车上应设专用靠放架

D. 预制构件装卸时应配置指挥人员,统一指挥信号

14. 下列选项中不属于装配式结构预制构件的主要制作流程的是( )。

A. 模台的清理   B. 预制构件的吊装

C. 质量检测   D. 钢筋与吊环的放置与绑扎

15. 预制墙板应在水平或竖向尺寸大于 800 mm 的洞边设置构造边缘构件,构造边缘构件截面高度不宜小于墙厚,且不宜小于( ),截面宽度同墙厚。

A. 100 mm   B. 120 mm

C. 200 mm   D. 240 mm

16. 带保温材料的预制构件宜采用水平浇筑方式成型。下列关于夹芯保温墙板成型的规定说法错误的是( )。

A. 拉结件的数量和位置应满足设计要求

B. 应采取可靠措施保证拉结件位置、保护层厚度,保证拉结件在混凝土中可靠锚固

C. 应保证保温材料间拼缝严密或使用黏结材料密封处理

D. 在上层混凝土浇筑完成之前,应保证下层混凝土初凝

17. 下列关于预制墙板的运输和堆放说法错误的是(　　)

A. 当采用靠放架堆放或运输构件时,靠放架应具有足够的承载力和刚度,与地面的倾斜角度宜大于80°

B. 墙板宜对称靠放且外饰面朝内,构件上部宜采用木垫块隔离

C. 当采用插放架直立堆放或运输构件时,宜采取直立运输方式

D. 采用叠层平放的方式堆放或运输构件时,应采取防止构件产生裂缝的措施

18. 装配整体式混凝土剪力墙结构中,预制墙间的现浇混凝土竖向模板拆模必须达到的要求,下列说法正确的是(　　)。

A. 模板拆除时,混凝土强度应达到设计混凝土强度等级值的50%

B. 模板拆除时,混凝土强度应达到设计混凝土强度等级值的75%

C. 模板拆除时,混凝土强度应达到设计混凝土强度等级值的100%

D. 当混凝土强度能保证其表面及棱角不受损伤时,方可拆除模板

二、多选题

1. 高层装配整体式混凝土结构中,楼盖应符合下列哪项的规定(BD)。

A. 结构转换层和作为上部结构嵌固部位的楼层必须使用现浇楼盖

B. 屋面层和平面复杂的楼层宜采用现浇楼盖

C. 屋面层若采用叠合楼盖时,楼板的后浇混凝土叠合层厚度不应小于150 mm

D. 受力复杂的楼层当采用叠合楼盖时,后浇层内应采用双向通长配筋

E. 受力复杂的楼层当采用叠合楼盖时,后浇层内的钢筋直径不宜小于12 mm

2. 下列哪些选项可作为单向板和双向板的设计依据(　　)。

A. 预制板的接缝构造　　B. 现浇层的钢筋排布　　C. 支座构造　　　　　　D. 长宽比

E. 现浇层厚度

3. 下列选项中属于在装配式预制构件的运输过程中的技术要求的是(　　)

A. 应制订预制构件的运输方案

B. 预制构件的运输车辆应满足构件尺寸和载重要求

C. 墙板可根据施工要求选择适宜的堆放和运输方式

D. 专业的人员配备

E. 以上均不符合题意

4. 以下哪几种强度标号的混凝土能应用于装配式结构的现浇结构中。(　　)

A. C20　　　　　　　　　B. C25　　　　　　　　　C. C30　　　　　　　　　D. C40

E. C50

5. 关于预制混凝土装配式构件的制作和运输,说法正确的是(　　)

A. 制定加工制作方案、质量控制标准

B. 保温材料需要定位及保护

C. 必须进行加工详图设计

D. 模具、钢筋骨架、钢筋网片、钢筋、预埋件加工不允许出现偏差

E. 以上均不符合题意

6.叠合板在生产的过程中由于操作不当会影响其美观效果,那么造成这种影响的主要原因是( )。

A.脱模剂刷得不够均匀

B.刷完脱模剂后有人员在上面走动

C.人工振捣时,振捣得不够充分

D.模台的锈蚀

E.以上均不符合题意

7.装配式结构预制构件的运输是重要的一环,下列选项中属于装配式结构预制构件运输的要求的是( )。

A.应提前制订预制构件的运输方案

B.预制构件的运输车辆应满足构件尺寸和载重要求

C.墙板应根据施工要求选择适宜的堆放和运输方式

D.对于超高、超宽、刚度不对称等大型构件的运输和码放要采取特殊质量安全保证措施

E.以上均不符合题意

8.生产预制构件的模具应符合下列哪些要求( )。

A.承载力、刚度和整体稳定性要求

B.应满足预制构件质量、生产工艺、模具组装与拆卸、周转次数的要求

C.应满足预制构件预留孔洞、插筋的安装定位要求

D.应满足预埋件的安装定位要求

E.应根据设计要求预设反拱

三、判断题

1.当叠合梁受扭时宜采用整体封闭箍筋,且整体封闭箍筋的搭接部分宜设置在预制部分。( )

2.预制叠合楼盖的预制板厚度不宜小于 60 mm,现浇层厚度不应小于 60 mm。( )

3.预制构件吊装运输的过程中,应该综合考虑吊装方式、吊装工具的选取、运输方式、运输路线等因素,优化设施,以免发生不必要的损失。( )

4.冬期生产和存放的预制构件的所有孔洞均应采取措施防止雨雪水进入发生冻胀损坏。( )

5.夹芯外墙板加工工艺宜采用平模工艺生产,安装保温材料和拉结件→浇筑外叶墙板混凝土层→浇筑内叶墙板混凝土层。( )

6.预制构件脱模起吊时,预制构件的混凝土立方体抗压强度应满足设计要求,且不应小于 15 N/mm²。( )

Chapter 5

项目5　装配式混凝土结构施工

预制装配式混凝建筑是将工厂生产的预制混凝土构件运输到现场,经吊装、装配、连接,结合部分现浇而形成的混凝土结构。预制装配式混凝土建筑在工地现场的施工安装核心工作主要包括三部分:构件的安装、连接和预埋以及现浇部分的工作。这三部分工作体现的质量和流程管控要点是预制装配式混凝土结构施工质量保证的关键。

5.1　施工技术发展历程

预制装配式混凝土结构施工安装是装配式建筑建设过程的重要组成部分,伴随着建设材料预制方式、施工机械和辅助工具的发展而不断进步。从施工安装的大概念来讲,人类主要经历了三个阶段:人工加简易工具阶段;人工、系统化工具加辅助机械阶段;人工、系统化工具加自动化设备阶段。

第一个阶段在中西方建筑史上都有非常典型的例子:比如中国古代的木结构建筑的安装,石头与木结构的混合安装,孔庙前巨型碑林的安装;西方的教堂、石头建筑的安装等都是典型的案例。这一时期的主要特征是建筑主要靠人力组织、人工加工后的材料,用现有资源加工出工具,借助自然界的地形地势辅以大量的劳力施工安装而成,那时尚没有大型施工机械。

第二个阶段是伴随着工业革命、机械化进程而发展,这个阶段人类开始使用系统化金属工具,借助大小型机械作业,使得建筑施工安装的效率得到飞速的提升,这个阶段一直延续到今天。我们今天所说的预制装配式混凝土结构的施工安装其实就处于这个阶段。这个阶段按照人工和机械的使用占比可细分为初级、中级和高级阶段。

第三个阶段是自动化技术的引入,即人类应用智能机械、信息化技术于建筑安装工程中,这在目前也属于前沿地带,只是应用于一些特殊工程中,属于未来发展方向。

预制装配式混凝土结构施工安装的发展是人类在已有的建筑施工经验基础上,随着混凝土预制技术的发展而不断进步的。20世纪初,西方工业国家在钢结构领域积累了大量的施工安装经验,随着预制混凝土构件的发明和出现,一些装配式的施工安装方法也被延伸到混凝土领域,比如早期的预制楼梯、楼板和梁的安装。到了第二次世界大战结束,欧洲国家对于战后重建的快速需求,也促进了预制装配式混凝土结构的蓬勃发展,尤其是板式住宅建筑得到了大量的推广,与其相关联的施工安装技术也得到发展。这个时期的特征也是各类预制构件采用钢筋环等作为起吊辅助。

真正意义上的工具式发展以及相关起吊连接件的标准化和专业化起源于20世纪80年代,各类预制装配式混凝土结构的元素也开始愈加多样化,其连接形式也进入标准化的时代。这个时期,各类构件的起吊安装都有非常成熟的工法规定,比如预制框架结构的梁柱板的吊装和节点连接处理。这个时期开始,相关企业也专门编制起吊件和预埋件的相关产品的标准和使用说明。到了今天,西方的预制装配式混凝土结构的施工安装与20世纪80年代相比,在产品和工法上没有太多的变化,新的特征是功能的集成化、更加节能以及信息化技术的引入。

近年来,装配式混凝土结构施工发展取得较好成效,部分龙头企业经过多年研发、探索和实践积累,形成了与装配式建筑相匹配的施工工艺工法。在装配式混凝土结构项目中,主要采取的连接技术包括套筒灌浆连接和固定浆锚搭接连接等方式。部分施工企业注重装配式建筑施工现场组织管理,生产施工效率、工程质量不断提升。越来越多的企业日益重视对项目经理和施工人员的培训,一些企业探索成立专业的施工队伍,承接装配式建筑项目。在装配式建筑发展过程中,一些施工企业注重延伸产业链条发展壮大,正在由单一施工主体发展成为含有设计、生产、施工等板块的集团型企业。一些企业探索出施工与装修同步实施、穿插施工的生产组织方式实施模式,可有效缩短工期、降低造价。

预制装配式混凝土结构的施工发展虽然取得了一定进展,但是整体还处于百花齐放、各自为营的状态,需要进一步的研发,并通过大量项目实践和积累来形成系统化的施工安装组织模式和操作工法。

5.2 施工准备工作

5.2.1 施工方法选择

装配式结构的安装方法主要有储存吊装法和直接吊装法两种,其特点见表5-1。

表 5-1 装配式结构常见安装方法对比表

名　称	说　明	特　点
直接吊装法	又称原车吊装法,将预制构件由生产场地按构件安装顺序配套运往施工现场,在运输工具上直接向建筑物上安装	(1) 可以减少构件的堆放设施,少占用场地; (2) 要有严密的施工组织管理; (3) 需用较多的预制构件运输车
储存吊装法	构件从生产场地按型号、数量配套,直接运往施工现场吊装机械工作半径范围内储存,然后进行安装。这是一般常用的方法	(1) 有充分的时间做好安装前的施工准备工作,可以保证构件安装连续进行; (2) 构件安装和构件卸车可分日夜班进行,充分利用机械; (3) 占用场地较多。需用较多的插放(或靠放)架

5.2.2 吊装机械及辅助设备

1.起重吊装机械

装配式混凝土工程应根据作业条件和要求,合理选择起重吊装机械。常用的起重吊装机械有塔式起重机、汽车起重机和履带式起重机。

1)塔式起重机

塔式起重机简称塔机、塔吊,是通过装设在塔身上的动臂旋转、动臂上小车沿动臂行走从而实现起吊作业的起重设备,如图5-1所示。塔式起重机具有起重能力强、作业范围大等特点,广泛应用于建筑工程中。

图 5-1　塔式起重机

　　建筑工程中,塔式起重机按架设方式分为固定式、轨道式、附着式和内爬式。其中,附着式塔式起重机是塔身沿竖向每间隔一段距离用锚固装置与近旁建筑物可靠连接的塔式起重机,目前高层建筑施工多采用附着式塔式起重机。对于装配式建筑,当采用附着式塔式起重机时,必须提前考虑附着锚固点的位置。附着锚固点应该选择在剪力墙边缘构件后浇混凝土部位,并考虑加强措施,如图5-2所示。

图 5-2　附着式塔式起重机预制构件吊装

　　2) 汽车起重机

　　汽车起重机简称汽车吊,是装在普通汽车底盘或特制汽车底盘上的一种起重机,其行驶驾驶室与起重操纵室分开设置,如图5-3所示。这种起重机机动性好,转移迅速。在装配式混凝土工程中,汽车起重机主要用于低、多层建筑吊装作业,现场构件二次倒运,塔式起重机或履带吊的安装与拆卸等。使用时应注意,汽车起重机不得负荷行驶,不可在松软或泥泞的场地上工作,工作时必须伸出支腿并支稳。

　　3) 履带式起重机

图 5-3　汽车起重机

　　履带式起重机是将起重作业部分装在履带底盘上,行走依靠履带装置的流动式起重机,如图 5-4 所示。履带式起重机具有起重能力强、接地比压小、转弯半径小、爬坡能力大、不需支腿、可带载行驶等优点。在装配式混凝土建筑工程中,履带式起重机主要用于大型预制构件的装卸和吊装,大型塔式起重机的安装与拆卸,以及塔式起重机吊装死角的吊装作业等。

图 5-4　履带式起重机

　　预制构件安装采用的吊装机械,其主要特点见表 5-2。

表 5-2　常用吊装机械

机 械 类 别	特　　点
塔式起重机	(1) 起吊高度和工作半径较大; (2) 驾驶室位置较高,司机视野宽广; (3) 转移、安装和拆除较麻烦; (4) 需敷设轨道
履带式(或汽车)起重机	(1) 行驶和转移较方便; (2) 起吊高度受到一定限制; (3) 驾驶室位置低,就位、安装不够灵活

2. 横吊梁

横吊梁俗称铁扁担、扁担梁,常用于梁、柱、墙板叠合板等构件的吊装。用横吊梁吊运部品构件时,可以使各吊点垂直受力防止因起吊受力不均而对构件造成破坏,便于构件的安装校正。常用的横吊梁有框架式吊梁、单根吊梁,如图 5-5 所示。

图 5-5　框架式吊梁

3. 吊索

吊索是用钢丝绳或合成纤维等原料做成的用于吊装的绳索,用于连接起重机吊钩和被吊装设备,如图 5-6 所示。

图 5-6　吊索

吊具应按现行国家相关标准的有关规定进行设计验算或试验检验,经验证合格后方可使用;应根据预制构件的形状、尺寸及重量要求选择适宜的吊具,在吊装过程中,吊索水平夹角不宜小于 60°,不应小于 45°;尺寸较大或形状复杂的预制构件应选择设置分配梁或分配桁架的吊具,并应保证吊车主钩位置、吊具及构件重心在竖直方向重合。

吊具、吊索的使用应符合施工安装的安全规定。预制构件起吊时的吊点合力应与构件重心重合,宜采用标准吊具均衡起吊就位,吊具可采用预埋吊环或埋置式接驳器的形式。专用内埋式螺母或内埋吊杆及配套的吊具,应根据相应的产品标准和应用技术规定选用。

预制混凝土构件吊点应提前设计好,根据预留吊点选择相应的吊具。在起吊构件时,为了使构件稳定,不出现摇摆、倾斜、转动、翻倒等现象,应选择合适的吊具。无论采用几点吊装,始终要使吊钩和吊具的连接点的垂线通过被吊构件的重心,它直接关系到吊装结果和操作的安全性。

吊具的选择必须保证被吊构件不变形、不损坏,起吊后不转动、不倾斜、不翻倒。吊具的选择应根据被吊构件的结构、形状、体积、重量、预留吊点以及吊装的要求,结合现场作业条件,确定合适的吊具。吊具选择必须保证吊索受力均匀。各承载吊索间的夹角一般不应大于 60°,其合力作用点必须保证与被吊构件的重心在同一条铅垂线上,保证吊运过程中吊钩与被吊构件的重心在同一条铅垂线上。在说明中提供吊装图的构件,应按吊装图进行吊装。在异形构件装配时,可采用辅助吊点配合简易吊具调节物体所需位置的吊装法。

当构件无设计吊钩(点)时,应通过计算确定绑扎点的位置,绑扎的方法应保证可靠和摘钩简便安全。

4. 翻板机

翻板机是实现预制构件(多为墙板构件)角度旋转,使其达到设计吊装角度的机械设备,是装配式混凝土建筑安装施工中重要的辅助设备,如图 5-7 所示。

对于长度大于生产线宽度,同时运输亦超高的竖向板,必须短边侧向翻板起模和运输,到现场则必须将板旋转 90°,现实竖向吊装。

图 5-7　翻板机

5. 灌浆设备与用具

灌浆设备主要有用于搅拌注浆料的手持式电钻搅拌机,用于计量水和注浆料的电子秤和量杯,用于向墙体注浆的注浆器,用于湿润接触面的水枪。

灌浆用具主要有用于盛水、试验流动度的量杯,用于流动度试验用的坍落度筒和平板,用于盛水、注浆料的大小水桶,用于把木头塞打进注浆孔封堵的铁锤,以及小铁锹、剪刀、扫帚等,如图 5-8 所示。

为保证预制构件套筒与主体结构预留钢筋位置协调,构件安装能够顺利进行,施工单位常采用钢筋定位校验件预先检验。其做法是预先在校验件上生成与预制构件上灌浆套筒同尺寸、同位置关系的孔洞,然后将校验件在主体结构预留钢筋上试套,如能顺利套下则证明预制构件可顺

| 小型灌浆机 | 手持式搅拌器 | 套筒灌浆料 |

| 橡胶塞 | 搅拌桶 | 注浆枪 |

图 5-8　灌浆设备和用具

利安装。

6. 临时支撑系统

装配式混凝土工程施工过程中，当预制构件或整个结构自身不能承受施工荷载时，需要通过设置临时支撑来保证施工定位、施工安全及工程质量。预制构件临时支撑系统是指预制构件安装时起到临时固定和垂直度或标高空间位置调整作用的支撑体系，如图 5-9 所示。根据被安置的预制构件的受力形式和形状，临时支撑系统可分为斜撑系统和竖向支撑系统。其中，斜撑系统是由撑杆、垂直度调整装置、锁定装置和预埋固定装置等组成的用于竖向构件安装的临时支撑体系，主要功能是将预制柱和预制墙板等竖向构件吊装就位后起到临时固定的作用，并通过设置在斜撑上的调节装置对垂直度进行微调；竖向支撑系统是单榀支撑架沿预制构件长度方向均匀布置构成的用于水平向构架安装的临时支撑系统，主要功能是用于预制楼板等水平承载构件在吊装就位后起到直荷载的临时支撑作用，并通过标高调节装置对标高进行微调。竖向支撑系统的应用技术与传统现浇结构施工中梁板模板支撑系统相近，不再赘述，本节主要讲述斜撑系统的技术要求。

1）一般规定

（1）临时支撑系统应根据其施工荷载进行专项的设计和承载力及稳定性的验算，以确保施工期结构的安装质量和安全。

（2）临时支撑系统应根据预制构件的种类和重量尽可能做到标准化、重复利用和拆装方便。

2）斜撑支设要求

对于预制墙板，临时斜撑一般安放在其背后，且一般不少于两道；对于宽度比较小的墙板，也可仅设置一道斜撑。当墙板底部没有水平约束时，墙板的每道临时支撑包括上部斜撑和下部支撑，下部支撑可做成水平支撑或斜向支撑。对于预制柱，由于其底部纵向钢筋可以起到水平约束的作用，故一般仅设置上部支撑。柱的斜撑也最少要设置两道，且应设置在两个相邻的侧面上，水平投影相互垂直。

临时斜撑与预制构件一般做成铰接，并通过预埋件进行连接。考虑临时斜撑主要承受的是

117

图 5-9　临时支撑系统

水平荷载,为充分发挥其作用,对上部的斜撑,其支撑点距离板底的距离不宜小于板高的 2/3,且不应小于板高的 1/2。斜支撑与地面或楼面连接应可靠,不得出现连接松动引起竖向预制构件倾覆等。

　　3）斜撑拆除要求

　　预制墙板斜支撑和限位装置应在连接节点和连接接缝部位后浇混凝土或灌浆料强度达到设计要求后拆除。当设计无具体要求时,后浇混凝土或灌浆料应达到设计强度的 75% 以上方可拆除。预制柱斜支撑应在预制柱与连接节点部位后浇混凝土或灌浆料强度达到设计要求,且上部构件吊装完成后进行拆除。拆除的模板和支撑应分散堆放并及时清运,应采取措施避免施工集中堆载。

　　4）安装验收

　　临时支撑系统调整复核墙体的水平位置和标高、垂直度及相邻墙体的平整度后,应填写预制构件安装验收表,经施工现场负责人及甲方代表(或监理)签字后进入下道工序。

5.2.3　施工平面布置

　　根据工程项目的构件分布图,制定项目的安装方案,并合理地选择吊装机械。构件临时堆场应尽可能地设置在吊机的辐射半径内,减少现场的二次搬运,同时构件临时堆场应平整坚实,有排水设施。规划临时堆场及运输道路时,如在车库顶板需对堆放全区域及运输道路进行加固处理。施工场地四周要设置循环道路,一般宽 4～6m,路面要平整、坚实,两旁要设置排水沟。距建筑物周围 3m 范围内为安全禁区,不准堆放任何构件和材料。

　　预制构件堆放区要根据吊装机械行驶路线来确定,一般应布置在吊装机械工作半径范围以内,避免吊装机械空驶和负荷行驶。楼板、屋面板、楼梯、休息平台板、通风道等,一般沿建筑物堆放在预制构件的外侧。结构安装阶段需要吊运到楼层的零星构配件、混凝土、砂浆、砖、门窗、管材等材料的堆放,应视现场具体情况而定,要充分利用建筑物两端空地及吊装机械工作半径范围内的其他空地。这些材料应确定数量,组织吊次,按照楼层材料布置的要求,随每层结构安装逐层吊运到楼层指定地点。

5.2.4 机具准备工作

以装配整体式剪力墙结构为例，其所需机具与设备如表5-3所示。

表5-3 装配式剪力墙结构所需机具及设备表

序 号	名 称	型 号	单 位	数 量
1	塔吊	60	台	1
2	振动棒	50/30	台	2
3	水准仪	NAL132, NAL222	台	1
4	铁扁担	GW40-3	套	1
5	工具式组合钢支撑			
6	灌浆泵	JM-GJB5型	台	2
7	吊带	5T	台	3
8	铁链		个	2
9	吊钩		个	2
10	冲击钻		台	2
11	电动扳手		台	2
12	专用撬棍		个	2
13	镜子		个	4

5.2.5 劳动组织准备工作

装配式结构吊装阶段的劳动组织，如表5-4所示。

表5-4 劳动组织表

序 号	工 种	人 数	说 明
1	吊装工	5	操作预制构件吊装及安装
2	吊车司机	1	操作吊装机械
3	测量人员	1	进行预制构件的定位及放线
4	合计	7	

5.2.6 其他准备工作

（1）组织现场施工人员熟悉、审查图纸，对构件型号、尺寸、埋件位置逐块检查核对，熟悉吊装顺序和各种指挥信号，准备好各种施工记录表格。

（2）引进坐标桩、水平桩、按设计位置放线，经检验签证后挖土、打钎、做基础和浇筑完首层地面混凝土。

（3）对塔吊行走轨道和墙板构件堆放区等场地进行碾压、铺轨、安装塔吊，并在其周围设置排水沟。

（4）组织墙板等构件进场。按吊装顺序先存放配套构件。并在吊装前认真检查构件的质量和数量。质量如不符合要求，应及时处理。

5.3 装配式混凝土结构竖向受力构件的现场施工

装配式混凝土建筑的竖向受力构件主要是框架柱和剪力墙。其中现浇的框架柱和剪力墙的施工方式与传统现浇结构相同，不再赘述。本节主要讲述预制混凝土框架柱构件安装、预制混凝土剪力墙构件安装以及后浇区的施工。

预制混凝土框架柱构件、预制混凝土剪力墙构件安装工艺，上下层构件间混凝土的连接有坐浆法和连通腔灌浆法两种方式。预制混凝土剪力墙构件常采用连通腔灌浆法，预制混凝土框架柱构件安装采用坐浆法和注浆法都比较常见。本节将以坐浆法为例介绍预制柱构件安装施工工艺，以连通腔灌浆法为例介绍预制混凝土剪力墙构件安装施工工艺。

5.3.1 预制混凝土柱构件安装施工

预制混凝土柱构件的安装施工工序为：测量放线→铺设坐浆料→柱构件吊装→定位校正和临时固定→钢筋套筒灌浆施工。

1. 测量放线

安装施工前，应在构件和已完成结构上测量放线，设置安装定位标志。

测量放线主要包括以下内容。

（1）每层楼面轴线垂直控制点不应少于4个，楼层上的控制轴线应使用经纬仪由底层原始点直接向上引测。

（2）每个楼层应设置1个引程控制点。

（3）预制构件控制线应由轴线引出。

（4）应准确弹出预制构件安装位置的外轮廓线。预制柱的就位以轴线和外轮廓线为控制线，对于边柱和角柱，应以外轮廓线控制为准。

2. 铺设坐浆料

预制柱构件底部与下层楼板上表面间不能直接相连，应有20 mm厚的坐浆层，以保证两者混凝土能够可靠协同工作，如图5-10所示。坐浆层应在构件吊装前铺设，且不宜铺设太早，以免坐浆层凝结硬化失去黏结能力。一般而言，应在坐浆层铺设后1小时内完成预制构件安装工作，天气炎热或气候干燥时应缩短安装作业时间。

坐浆料必须满足以下技术要求。

（1）坐浆料坍落度不宜过高，一般在市场购买40～60 MPa的坐浆料使用小型搅拌机（容积可容纳一包料即可）加适当的水搅拌而成，不宜调制过稀，必须保证坐浆完成后成中间高、两端低的形状。

（2）在坐浆料采购前需要与厂家约定浆料内粗集料的最大粒径为4～5 mm，且坐浆料必须具有微膨胀性。

（3）坐浆料的强度等级应比相应的预制墙板混凝土的强度高一个等级。

120

图 5-10　坐浆层

（4）坐浆料强度应该满足设计要求。

铺设坐浆料前应清理铺设面的杂物。铺设时应保证坐浆料在预制柱安装范围内铺设饱满。为防止坐浆料向四周流散造成坐浆层厚度不足，应在柱安装位置四周连续用 50 mm×20 mm 的密封材料封堵，并在坐浆层内预设 20 mm 高的垫块。

3. 柱构件吊装

柱构件吊装宜按照角柱、边柱、中柱顺序进行安装，与现浇部分连接的柱宜先行吊装。

吊装作业应连续进行。吊装前应对待吊构件进行核对，同时对起重设备进行安全检查，重点检查预制构件预留螺栓孔丝扣是否完好，杜绝吊装过程中滑丝脱落现象。对吊装难度大的部件必须进行空载实际演练，操作人员对操作工具进行清点。填写施工准备情况登记表，施工现场负责人检查核对签字后方可开始吊装。

预制构件在吊装过程中应保持稳定，不得偏斜、摇摆和扭转。吊装时，一定要采用扁担式吊具吊装。

4. 定位校正和临时固定

1）构件定位校正

构件底部若局部套筒未对准时，可使用倒链将构件手动微调，对孔。垂直落在准确的位置后拉线复核水平是否有偏差。无误差后，利用预制构件上的预埋螺栓和地面后置膨胀螺栓安装斜支撑杆，复测柱顶标高后方可松开吊钩。利用斜撑杆调节好构件的垂直度。调节好垂直度后，刮平底部坐浆。在调节斜撑杆时必须两名工人同时、同方向，分别调节两根斜撑杆。

安装施工应根据结构特点按合理顺序进行，需考虑平面运输、结构体系转换、测量校正、精度调整及系统构成等因素，及时形成稳定的空间刚度单元。必要时应增加临时支撑结构或临时措施。单个混凝土构件的连接施工应一次性完成。

预制构件安装后，应对安装位置、安装标高、垂直度、累计垂直度进行校核与调整。构件安装就位后，可通过临时支撑对构件的位置和垂直度进行微调，如图 5-11 所示。

2）构件临时固定

安装阶段的结构稳定性对保证施工安全和安装精度非常重要，构件在安装就位后，应采取临时措施进行固定。临时支撑结构或临时措施应能承受结构自重、施工荷载、风荷载、吊装产生的冲击荷载等作用，使其结构不至于产生永久变形，如图 5-12 所示。

图 5-11 预制柱安装

图 5-12 预制柱临时固定

5. 钢筋套筒灌浆施工

钢筋套筒灌浆的灌浆施工是装配式混凝土结构工程的关键环节之一。

实际应用在竖向预制构件时,通常将灌浆连接套筒现场连接端固定在构件下端部模板上,另一端即预埋端的孔口安装密封圈,构件内预埋的连接钢筋穿过密封圈插入灌浆连接套筒的预埋端,套筒两端侧壁上灌浆孔和出浆孔分别引出两条灌浆管和出浆管连通至构件外表面,预制构件成型后,套筒下端为连接另一构件钢筋的灌浆连接端。构件在现场安装时,将另一构件的连接钢筋全部插入该构件上对应的灌浆连接套筒内,从构件下部各个套筒的灌浆孔向各个套筒内灌注高强灌浆料,至灌浆料充满套筒与连接钢筋的间隙从所有套筒上部出浆孔流出,灌浆料凝固后,即形成钢筋套筒灌浆接头,从而完成两个构件之间的钢筋连接。

在实际工程中,连接的质量很大程度上取决于施工过程控制。因此,套筒灌浆连接应满足下列要求。

(1)套筒灌浆连接施工应编制专项施工方案。这里提到的专项施工方案并不要求一定单独编制,而是强调应在相应的施工方案中包括套筒灌浆连接施工的相应内容。施工方案应包括灌浆套筒在预制生产中的定位、构件安装定位与支撑、灌浆料拌和、灌浆施工、检查与修补等内容。施工方案编制应以接头提供单位的相关技术资料、操作规程为基础。

（2）灌浆施工的操作人员应经专业培训后上岗。培训一般宜由接头提供单位的专业技术人员组织。灌浆施工应由专人完成,施工单位应根据工程量配备足够的合格操作工人。

（3）对于首次施工,宜选择有代表性的单元或部位进行试制作、试安装、试灌浆。这里提到的"首次施工",包括施工单位或施工队伍没有钢筋套筒灌浆连接的施工经验,或对某种灌浆施工类型(剪力墙、柱、水平构件等)没有经验,此时为保证工程质量,宜在正式施工前通过试制作、试安装、试灌浆验证施工方案、施工措施的可行性。

（4）套筒灌浆连接应采用由接头形式检验确定的相匹配的灌浆套筒、灌浆料。施工中不宜更换灌浆套筒或灌浆料,如确需更换,应按更换后的灌浆套筒、灌浆料提供接头形式检验报告,并重新进行工艺检验及材料进场检验。

（5）灌浆料以水泥为基本材料,对温度、湿度均具有一定敏感性。因此,在储存中应注意干燥、通风并采取防晒措施,防止其形态发生改变。灌浆料宜存储在室内。

竖向钢筋套筒灌浆连接,灌浆应采用压浆法从灌浆套筒下方灌浆注入,当灌浆料从构件上本套筒和其他套筒的灌浆孔、出浆孔流出后应及时封堵。灌浆施工工艺流程如图 5-13 所示。

图 5-13 灌浆施工工艺流程

钢筋套筒灌浆连接施工的工艺要求如下。

（1）预制构件吊装前,应检查构件的类型与编号。当灌浆套筒内有杂物时,应清理干净。

（2）应保证外露连接钢筋的表面不粘连混凝土、砂浆,不发生锈蚀;当外露连接钢筋倾斜时,应进行校正。连接钢筋的外露长度应符合设计要求,其外表面宜标记出插入灌浆套筒最小锚固长度的位置标志,且应清晰准确。

（3）竖向构件宜采用连通腔灌浆。钢筋水平连接时灌浆套筒应各自独立灌浆。

（4）灌浆料拌合物应采用电动设备搅拌充分、均匀,并宜静置 2 min 后使用。其加水量应按灌浆料使用说用书的要求确定,并应按质量计量。搅拌完成后,不得再次加水,如图 5-14 所示。

（5）灌浆施工时,环境温度应符合灌浆料产品使用说明书要求。一般来说环境温度低于 5 ℃时不宜施工,低于 0 ℃时不得施工;当环境温度高于 30 ℃时,应采取降低灌浆料拌合物温度的措施。

（6）竖向钢筋套筒灌浆连接采用连通腔灌浆时,宜采用一点灌浆的方式。当一点灌浆遇到问题而需要改变灌浆点时,各灌浆套筒已封堵的灌浆孔、出浆孔应重新打开,待灌浆料拌合物再次流出后进行封堵,如图 5-15 所示。

图 5-14　灌浆料搅拌　　　　　　　　　　图 5-15　灌浆与封堵出浆孔

（7）灌浆料宜在加水后 30 min 内用完。散落的灌浆料拌合物不得二次使用，剩余的拌合物不得再次添加灌浆料、水后混合使用。

（8）灌浆料同条件养护试件抗压强度达到 35 N/mm² 后，方可进行对接头有扰动的后续施工。临时固定措施的拆除应在灌浆抗压强度能够确保结构达到后续施工承载要求后进行。

（9）灌浆作业应及时形成施工质量检查记录表和影像资料。

5.3.2　预制混凝土剪力墙构件安装施工

预制混凝土剪力墙构件的安装施工工序为：测量放线→封堵分仓→构件吊装→定位校正和临时固定→钢筋套筒灌浆施工。其中测量放线、构件吊装、定位校正和临时固定的施工工艺可参见预制柱的施工工艺。

1. 封堵分仓

采用注浆法实现构件间混凝土可靠连接，是通过灌浆料从套筒流入原坐浆层充当坐浆料而实现。相对于坐浆法，注浆法无须担心吊装作业前坐浆料失水凝固，并且先使预制构件落位后再注浆也易于确定坐浆层的厚度。

构件吊装前，应预先在构件安装位置预设 20 mm 厚垫片，以保证构件下方注浆层厚度满足要求。然后沿预制构件外边线用密封材料进行封堵，如图 5-16 所示。当预制构件长度过长时，注浆层也随之过长，不利于控制注浆层的施工质量。这时可将注浆层分成若干段，各段之间用坐浆材料分隔，注浆时逐段进行。这种注浆方法叫作分仓法。连通区内任意两个灌浆套筒间距不宜超过 1.5m。

2. 构件吊装

与现浇部分连接的墙板宜先行吊装，其他宜按照外墙先行吊装的原则进行吊装。就位前应设置底部调平装置，控制构件安装标高，如图 5-17 所示。

3. 钢筋套筒灌浆施工

灌浆前应合理选择灌浆孔。一般来说，宜选择从每个分仓位于中部的灌浆孔灌浆，灌浆前将其他灌浆孔严密封堵。灌浆操作要求与坐浆法相同。直到该分仓各出浆孔分别有连续的浆液流出时，注浆作业完毕，将注浆孔和所有出浆孔封堵，如图 5-18 所示。

图 5-16　封堵注浆层

图 5-17　墙板吊装

图 5-18　灌浆与封堵出浆孔

5.3.3　装配式混凝土结构后浇混凝土的施工

装配式混凝土结构竖向构件安装应及时穿插进行边缘构件后浇混凝土带的钢筋安装和模板施工，并完成后浇混凝土施工。

1. 配式混凝土结构后浇混凝土的钢筋工程

（1）装配式混凝土结构后浇混凝土内的连接钢筋应埋设准确。构件连接处钢筋位置应符合现行有关技术标准和设计要求。当设计无具体要求时，应保证主要受力构件和构件中主要受力方向的钢筋位置，并应符合下列规定：框架节点处，梁纵向受力钢筋宜置于柱纵向钢筋内侧；当主、次梁底部标高相同时，次梁下部钢筋应放在主梁下部钢筋之上；剪力墙中水平分布钢筋宜置于竖向钢筋外侧，并在墙端弯折锚固。预制构件的外露钢筋应防止弯曲变形，并在预制构件吊装完成后，对其位置进行校核与调整。钢筋套筒灌浆连接接头的预留钢筋应采用专用模具进行定位，并应保证定位准确。

（2）装配式混凝土结构的钢筋连接质量应符合相关规范的要求。钢筋可根据规范要求采用直锚、弯锚或机械锚固的方式进行锚固，但锚固质量应符合要求，如图 5-19 所示。

图 5-19 钢筋锚固

（3）预制墙板连接部位宜先校正水平连接钢筋，后安装箍筋套，待墙体竖向钢筋连接完成后绑扎箍筋，连接部位加密区的箍筋宜采用封闭箍筋，如图 5-20 所示。

图 5-20 钢筋绑扎

预制梁柱节点区的钢筋安装时，节点区柱箍筋应预先安装于预制柱钢筋上，随预制柱一同安装就位。预制叠合梁采用封闭箍筋时，预制梁上部纵筋应预先穿入箍筋内临时固定，并随预制梁一同安装就位。预制叠合梁采用开口箍筋时，预制梁上部纵筋可在现场安装。

2. 预制墙板间后浇混凝土带模板安装

墙板间后浇混凝土带连接宜采用工具式定型模板支撑，定型模板应通过螺栓（预置内螺母）或预留孔洞拉结的方式与预制构件可靠连接。定型模板安装应避免遮挡墙板下部灌浆预留孔洞。夹芯墙板的外叶板应采用螺栓拉结或夹板等加强固定，墙板接缝部位及与定型模板连接处均应采取可靠的密封、防漏浆措施。

采用预制保温作为免拆除外墙模板（PCF）进行支模时，预制外墙模板的尺寸参数及与相邻外墙板之间拼缝宽度应符合设计要求。安装时，与内侧模板或相邻构件应连接牢固并采取可靠的密封、防漏浆措施，如图 5-21 所示。

3. 装配式混凝土结构后浇混凝土带的浇筑

（1）对于装配式混凝土结构的墙板间边缘构件竖缝后浇混凝土带的浇筑，应该与水平构件的混凝土叠合层以及按设计须现浇的构件（如作为核心筒的电梯井、楼梯间）同步进行。一般选

图 5-21 预制构件间后浇混凝土带模板安装

择一个单元作为一个施工段,先竖向、后水平的顺序浇筑施工。这样的施工安排就用后浇混凝土将竖向和水平预制构件连接成了一个整体,如图 5-22 所示。

图 5-22 叠合梁、板组装

(2)后浇混凝土浇筑前,应进行所有隐蔽项目的现场检查与验收。

(3)浇筑混凝土过程中应按规定见证取样,留置混凝土试件。

(4)混凝土应采用预拌混凝土,预拌混凝土应符合现行相关标准的规定。装配式混凝土结构施工中的结合部位或接缝处混凝土的工作性能应符合设计施工规定。当采用自密实混凝土时,应符合现行相关标准的规定。

(5)预制构件连接节点和连接缝部位后浇混凝土浇筑前,应清洁结合部位,并洒水润湿。连接接缝的混凝土应连续浇筑,竖向连接接缝可逐层浇筑。混凝土分层浇筑高度应符合现行规范要求。浇筑时,应采取保证混凝土浇筑密实的措施。同一连接接缝的混凝土应连续浇筑,并应在底层混凝土初凝之前将上一层混凝土浇筑完毕。预制构件连接节点和连接接缝部位的混凝土应加密振捣点,并适当延长振捣时间。预制构件连接处混凝土浇筑和振捣时,应对模板和支架进行观察及维护,发生异常情况应及时进行处理。构件接缝处混凝土浇筑和振捣时应采取措施防止模板、相连接构件、钢筋、预埋件及其定位件的移位。

(6)混凝土浇筑完毕后,应按施工技术方案要求及时采取有效的养护措施。设计无规定时,应在浇筑完毕后的 12h 以内对混凝土加以覆盖并养护,浇水次数应能保持混凝土处于湿润状态。

采用塑料薄膜覆盖养护的混凝土,其敞露的全部表面应覆盖严密.并应保持塑料薄膜内有凝结水。后浇混凝土的养护时间不应少于 14d。

喷涂混凝土养护剂是混凝土养护的一种新工艺。混凝土养护剂是高分子材料,喷洒在混凝土表面后固化,形成一层致密的薄膜,使混凝土表面与空气隔绝,大幅度降低水分从混凝土表面蒸发的损失。同时,可与混凝土浅层游离氢氧化钙作用,在渗透层内形成致密、坚硬表层,从而利用混凝土中自身的水分最大限度地完成水化作用,达到混凝土自养的目的。对于整体装配式混凝土结构竖向构件接缝处的后浇混凝土带,洒水保湿比较困难,采用养护剂保护应该是可行的选择。

(7)预制墙板斜支撑和限位装置,应在连接节点和连接接缝部位后浇混凝土或灌浆料强度达到设计要求后拆除;当设计无具体要求时,后浇混凝土或灌浆料应达到设计强度的 75% 以上方可拆除。

5.4 预制混凝土水平受力构件的现场施工

5.4.1 钢筋桁架混凝土叠合梁板安装施工

1.叠合楼板安装施工

预制混凝土叠合楼板的现场施工工艺,如图 5-23 所示。

图 5-23 预制混凝土叠合楼板的现场施工工艺流程

其安装施工均应符合下列规定。

(1)叠合构件的支撑应根据设计要求或施工方案设置,支撑标高除应符合设计规定外,还应考虑支撑本身的施工变形,如图 5-24 所示。

(2)控制施工荷载不应超过设计规定,并应避免单个预制构件承受较大的集中荷载与冲击荷载。

(3)叠合构件的搁置长度应满足设计要求,宜设置厚度不大于 20 mm 的坐浆层或垫片。

(4)叠合构件混凝土浇筑前,应检查结合面粗糙度,并应检查及校正预制构件的外露钢筋。

(5)预制底板吊装完后应对板底接缝高差进行校核;当叠合板板底接缝高差不满足设计要求时,应将构件重新起吊,通过可调托座进行调节。

图 5-24　叠合板施工

（6）预制底板的接缝宽度应满足设计要求。

（7）叠合构件应在后浇混凝土强度达到设计要求后，方可拆除支撑或承受施工荷载。

2. 叠合梁安装施工

装配式混凝土叠合梁的安装施工工艺与叠合楼板工艺类似。现场施工时应将相邻的叠合梁与叠合楼板协同安装，两者的叠合层混凝土同时浇筑，以保证建筑的整体性能。

套筒灌浆连接水平钢筋时事先将灌浆套筒安装在一端钢筋上，两端连接钢筋就位后，将套筒从一端钢筋移动到两根钢筋中部，两端钢筋均插入套筒达到规定的深度，再从套筒侧壁通过灌浆孔注入灌浆料，至灌浆料从出浆口流出，灌浆料充满套筒内壁与钢筋的间隙，灌浆料凝固后即将两根水平钢筋连在一起，如图 5-25 所示。

图 5-25　叠合梁水平钢筋连接

钢筋水平连接时，应采用全灌浆套筒连接，灌浆套筒各自独立灌浆。水平钢筋套筒灌浆连接，灌浆作业应采用压浆法从灌浆套筒一侧灌浆孔注入，当拌合物在另一侧出浆孔流出时应停止灌浆。套筒灌浆孔、出浆孔应朝上，保证灌满后浆面高于套筒内壁最高点。

预制梁和既有结构改造现浇部分的水平钢筋采用套筒灌浆连接时，施工措施应符合下列规定。

（1）连接钢筋的外表面应标记插入灌浆套筒最小锚固长度的标志，标志位置应准确、颜色应清晰。

（2）对灌浆套筒与钢筋之间的缝隙应采取防止灌浆时灌浆料拌合物外漏的封堵措施。

（3）预制梁的水平连接钢筋轴线偏差不应大于 5 mm，超过允许偏差的应予以处理。

（4）与既有结构的水平钢筋相连接时，新连接钢筋的端部应设有保证连接钢筋同轴、稳固的装置。

（5）灌浆套筒安装就位后，灌浆孔、出浆孔应在套筒水平轴正上方±45°的锥体范围内，并安装有孔口超过灌浆套筒外表面最高位置的连接管或连接头。

（6）灌浆施工异常的处理情况。水平钢筋连接灌浆施工停止后30s，如发现灌浆料拌合物下降，应检查灌浆套筒两端的密封或灌浆料拌合物排气情况，并及时补灌或采取其他措施。补灌应在灌浆料拌合物达到设计规定的位置后停止，并应在灌浆料凝固后再次检查其位置是否符合设计要求。

安装顺序宜遵循先主梁后次梁、先低后高的原则。安装前，应测量并修正临时支撑标高，确保与梁底标高一致，并在柱上弹出梁边控制线；安装后根据控制线进行精密调整。安装时梁伸入支座的长度与搁置长度应符合设计要求。

装配式混凝土建筑梁柱节点处作业面狭小且钢筋交错密集，施工难度极大。因此，在拆分设计时即考虑好各种钢筋的关系，直接设计出必要的弯折。此外，吊装方案要按拆分设计考虑吊装顺序，吊装时则必须严格按吊装方案控制先后顺序。安装前，应复核柱钢筋与梁钢筋位置、尺寸，对梁钢筋与柱钢筋位置有冲突的，应按经设计单位确认的技术方案调整。

叠合楼板、叠合梁等叠合构件应在后浇混凝土强度达到设计要求后，方可拆除底模和支撑，如表 5-5 所示。

表 5-5　模板与支撑拆除时的后浇混凝土强度要求

构 件 类 型	构件跨度/m	达到设计混凝土强度等级值的百分率/(%)
板	≤2	≥50
	>2,≤8	≥75
	>8	≥100
梁	≤8	≥75
	>8	≥100
悬臂构件		≥100

5.4.2　预制混凝土阳台、空调板、太阳能板的安装施工

装配式混凝土建筑的阳台一般设计成封闭式阳台，其楼板采用钢筋桁架叠合板；部分项目采用全预制悬挑式阳台。空调板、太阳能板以全预制悬挑式构件为主。全预制悬挑式构件是通过将甩出的钢筋伸入相邻楼板叠合层足够锚固长度，通过相邻楼板叠合层后浇混凝土与主体结构实现可靠连接，如图 5-26 所示。

预制混凝土阳台、空调板、太阳能板的现场施工工艺，如图 5-27 所示。

其安装施工均应符合下列规定。

（1）预制阳台板吊装宜选用专用型框架吊装梁；预制空调板吊装可采用吊索直接吊装。

（2）吊装前应进行试吊装，且检查吊具预埋件是否牢固。

图 5-26　预制混凝土阳台安装

图 5-27　预制混凝土阳台、空调板、太阳能板的现场施工工艺流程

（3）施工管理及操作人员应熟悉施工图纸，应按照吊装流程核对构件编号，确认安装位置，并标注吊装顺序。

（4）吊装时注意保护成品，以免墙体边角被撞。

（5）阳台板施工荷载不得超过 $1.5\ kn/m^2$。施工荷载宜均匀布置。

（6）悬臂式全预制阳台、空调板、太阳能板甩出的钢筋都是负弯矩筋，首先应注意钢筋绑扎位置的准确性。同时，在后浇混凝土过程中要严格避免踩踏钢筋而造成钢筋向下移位。

（7）预制构件的板底支撑必须在后浇混凝土强度达到 100% 后拆除。板底支撑拆除尚应保证该构件能承受上层阳台通过支撑传递下来的荷载。

5.5　预制混凝土楼梯及外挂墙板的安装施工 ⋯⋯⋯⋯

5.5.1　预制混凝 土楼梯的安装施工

为提高楼梯抗震性能，参照传统现浇结构的施工经验，结合装配式混凝土建筑施工特点，楼梯构件与主体结构多采用滑动式支座连接。

预制楼梯的现场施工工艺流程：定位放线→清理安装面、设置垫片、铺设砂浆→预制楼梯吊装→楼梯端支座固定，如图 5-28 所示。

图 5-28　楼梯安装

其安装施工均应符合下列规定。

（1）吊装前应检查核对构件编号，确定安装位置，弹出楼梯安装控制线，对控制线及标高进行复核。

（2）滑动式楼梯上部与主体结构连接多采用固定式连接，下部与主体结构连接多采用滑动式连接。施工时应先固定上部固定端，后固定下部滑动端。

（3）楼梯侧面距结构墙体预留 30 mm 空隙，为后续初装的抹灰层预留空间；梯井之间根据楼梯栏杆安装要求预留 40 mm 空隙。在楼梯段上下口梯梁处铺 20 mm 厚 C25 细石混凝土找平灰饼，找平层灰饼标高要控制准确。

（4）预制楼梯采用水平吊装，用螺栓将通用吊耳与楼梯板预埋吊装内螺母连接，起吊前查看卸扣卡环，确认牢固后方可继续缓慢起吊。调整索具铁链长度，使楼梯段休息平台处于水平位置。试吊预制楼梯板，检查吊点位置是否准确，吊索受力是否均匀等；试起吊高度不应超过 1 m。

（5）楼梯吊至梁上方 30~50 cm 后，调整楼梯位置板边线基本与控制线吻合。就位时要求缓慢操作，严禁快速猛放，以免造成楼梯板震折损坏。楼梯板基本就位后，根据控制线，利用撬棍微调、校正，先保证楼梯两侧准确就位，再使用水平尺和倒链调节楼梯水平。

5.5.2　预制混凝土外挂墙板的安装施工

1.预制外挂墙板的特点

预制外挂墙板是安装在主体结构（一般为钢筋混凝土框架结构、框-剪结构、钢结构）上，起围护、装饰作用的非承重预制混凝土外墙板，按装配式结构的装配程序分类应该属于"后安装法"。

预制外挂墙板与主体结构的连接采用柔性连接构造，主要有点支撑和线支撑两种安装方式；按装配式结构的装配工艺分类，应该属于"干作法"。

根据以上外挂墙板的特点，首先必须重视外挂节点的安装质量，保证其可靠性；对于外挂墙板之间必须有的构造"缝隙"，必须进行填缝处理和打胶密封。

2.外挂墙板施工前准备

（1）外挂墙板安装前应该编制安装方案，确定外挂墙板水平运输、垂直运输的吊装方式，进行设备选型及安装调试。

（2）主体结构预埋件应在主体结构施工时按设计要求埋设；外挂墙板安装前应在施工单位对主体结构和预埋件验收合格的基础上进行复测，对存在的问题应与施工、监理、设计单位进行协调解决。主体结构及预埋件施工偏差应符合《混凝土结构施工质量验收规范》的规定，垂直方向和水平方向最大施工偏差应该满足设计要求。

（3）外挂墙板在进场前应进行检查验收，不合格的构件不得安装使用，安装用连接件及配套材料应进行现场报验，复试合格后方可使用。

（4）外挂墙板的现场存放应该按安装顺序排列并采取保护措施。

（5）外挂墙板安装人员应提前进行安装技能培训工作，安装前施工管理人员要做好技术交底和安全交底。施工安装人员应充分理解安装技术要求和质量检验标准。

3. 外挂墙板的安装与固定

（1）外挂墙板正式安装前要根据施工方案要求进行试安装，经过试安装并验收合格后可进行正式安装。

（2）外挂墙板应该按顺序分层或分段吊装，吊装应采用慢起、稳升、缓放的操作方式，应系好缆风绳控制构件转动；吊装过程中应保持稳定，不得偏斜、摇摆和扭转，如图 5-29 所示。

图 5-29　预制外挂墙板吊装

应采取保证构件稳定的临时固定措施，外挂墙板的校核与偏差调整应按以下要求。

①预制外挂墙板侧面中线及板面垂直度的校核，应以中线为主调整。

②预制外挂墙板上下校正时，应以整缝为主调整。

③墙板接缝应以满足外墙面平整为主，内墙面不平或翘曲时，可在内装饰或内保温层内调整。

④预制外挂墙板山墙阳角与相邻板的校正，以阳角为基准调整。

⑤预制外挂墙板拼缝平整的校核，应以楼地面水平线为基准调整。

（3）外挂墙板安装就位后应对连接节点进行检查验收，隐藏在墙内的连接节点必须在施工过程中及时做好隐检记录。

（4）外挂墙板均为独立自承重构件，应保证板缝四周为弹性密封构造。安装时，严禁在板缝中放置硬质垫块,避免外挂墙板通过垫块传力,造成节点连接破坏。

(5)节点连接处外露铁件均应做防腐处理,对于焊接处镀锌层破坏部位必须涂刷三道防腐涂料防腐,有防火要求的铁件应采用防火涂料喷涂处理。

(6)外挂墙板安装尺寸的允许偏差检查,应符合相关规范的要求。

5.6 预制混凝土外挂墙板的防水处理

5.6.1 预制混凝土外挂墙板板缝的防水处理

(1)预制外墙板连接接缝防水节点基层及空腔排水构造做法应符合设计要求。

(2)板缝防水施工人员应经过培训合格后上岗,具备专业打胶资格和防水施工经验。

(3)预制外墙板外侧水平、坚直接缝的防水密封胶封堵前,侧壁应清理干净,保持干燥。嵌缝材料应与挂板牢固黏结,不得漏嵌和虚黏。

5.6.2 预制混凝土外挂墙板的板缝打胶

(1)板缝防水密封胶的注胶宽度必须大于厚度并符合生产厂家说明书的要求,防水密封胶应在预制外墙板校核固定后嵌填,先安放填充材料,然后注胶。防水密封胶应均匀、顺直,饱满、密实,表面光滑、连续。

(2)为防止密封胶施工时污染板面,打胶前应在板缝两侧粘贴防污胶条,注意保证胶条上的胶不得转移到板面。

(3)外墙板"十"字缝处300 mm范围内水平缝和垂直缝处的防水密封胶注胶要一次完成。

(4)板缝防水施工72 h内要保持板缝处于干燥状态,禁止冬期气温低于5 ℃或雨天进行板缝防水施工。

(5)外墙板接缝的防水性能应该符合设计要求。同时,每100 m² 外墙面积划分为一个检验批,不足1000 m² 时,也应划分为一个检验批;每100 m² 应至少抽查一处,每处不得少于10 m²,对其外墙板接缝的防水性能进行现场淋水试验。

5.7 装配式混凝土结构工程的水电安装

5.7.1 预制混凝土墙板的预埋和预留

对于装配式混凝土剪力墙结构,其配电箱、等电位联结箱、开关盒、插座盒、弱电系统接线盒(消防显示器、控制器、按钮、电话、电视、对讲等)及其管线;空调室外机、太阳能板等设备的避雷引下线等都应准确地预理在预制墙板中;厨房、卫生间和空调、洗衣机、洗衣等设备的给水竖管也应准确地预埋在预制墙板中。

5.7.2　预制混凝土叠合楼板施工的预埋和预留

电气管线预埋在楼板的混凝土叠合层中,如图 5-30 所示。因钢筋桁架叠合板电气接线盒已预埋好,混凝土叠合层浇筑前仅布置安装线管;PK 板电气接线盒需要开孔安装,并在混凝土叠合层浇筑前布置安装线管。

图 5-30　电气管线铺设

水暖水平管预埋在混凝土叠合层完成后的垫层(建筑做法)中,混凝土叠合层完成后及时铺设并与墙板预埋竖管对接;对于钢筋桁架叠合板下水管应该在预制厂预埋套管,PK 板应在混凝土叠合层浇筑前开孔安装套管。

5.7.3　预制混凝土墙板的水平和竖向对接

墙板安装完成后,即可进行横竖向管线对接,如图 5-31 所示。

图 5-31　横竖向电管线对接

5.7.4　防雷、等电位联结点的预埋

框架结构装配式建筑的预制柱是在工厂加工制作的,两段柱体对接时,较多采用的是套筒连接方式:一段柱体端部为套筒;另一段为钢筋,钢筋插入套筒后注浆。如用柱结构钢筋做防雷引下线,就要将两段柱体钢筋用等截面钢筋焊接起来,达到电气贯通的目的。选择柱体内的两根钢

筋做引下线和设置预埋件时,应尽量选择预制墙、柱的内侧,以便于后期焊接操作。

预制构件生产时,应注意避雷引下线的预留预埋,在柱子的两个端部均需要焊接与柱筋同截面的扁钢作为引下线埋件。应在没有引下线的柱子室外地面上 500 mm 处,设置接地电阻测试盒,测试盒内测试端子与引下线焊接。此处应在工厂加工预制柱时做好预留,预制构件进场时,现场管理人员进行检查验收。

对于装配式混凝土剪力墙结构,可以将剪力墙边缘构件后浇混凝土段内钢筋作为防雷引下线。

装配式构件应在金属管道入户处做等电位联结,卫生间内的金属构件应进行等电位联结,应在装配式构件中预留好等电位联结点。

整体卫浴内的金属构件应在部品内完成等电位联结,并标明和外部联结的接口位置。

为防止侧击雷,应按照设计图纸的要求,建筑物内的各种竖向金属管道与钢筋连接,部分外墙上的栏杆、金属门窗等较大金属物要与防雷装置相连,结构内的钢筋连成闭合回路作为防侧击雷接闪带。均压环及防侧击雷接闪带均需与引下线做可靠连接,预制构件处需要按照具体设计图纸要求预埋连接点。

5.7.5　预制整体卫生间的预埋和预留

预制整体卫浴是装配式结构最应该装配的预制构件部品,其不仅将大量的结构、装饰、装修、防水、水电安装等工程量工厂化,而且其同层排水做法彻底解决了本层漏水必须上层维修的邻里纠纷(甚至引起法律纠纷)的重大疑难问题。

由于预制整体卫浴结构形式多样,整体安装措施此处就不详述了。但应该看到具有同层排水功能的整体卫浴极大地简化了水电安装的工程量,仅仅是连接给水、排水两根管子和电源而已。

136

5.8 装配式建筑常见施工质量通病分析 ....

我国建筑行业在不断发展,施工技术与生产工艺水平在不断提升,但是建筑工程中对于环境的破坏问题也越来越严峻,预制装配式建筑的出现改善了建筑中高污染的现象,简化了现场施工的环节,有效地保护了施工现场的环境。但是,这种建筑方式在施工的过程中也存在一些问题需要我们重视,本小节总结了诸多装配式建筑施工过程中经常出现的施工质量问题,并提出了防治措施。

1. 叠合板裂缝问题

1) 原因分析

叠合板养护时间不够,叠合板尚未达到规定强度,如图 5-32 所示。

2) 处理措施

(1) 要求施工单位重新更换合格的叠合板,考虑现场进度,可以出具相关专项修补方案报监理、甲方审批通过后进行整改。

(2) 要求施工单位加强现场管理,叠合板必须达到强度的 100% 方可进行拆模吊装。

(3) 监理单位加强现场检查监督工作。

图 5-32　叠合板裂缝

2. 主筋不在箍筋内问题

1）问题描述

主筋偏位,预制加工厂预留箍筋长度不足,节点处墙体主筋不在箍筋内的问题,给结构安全带来隐患,如图 5-33 所示。

图 5-33　主筋不在箍筋内

2）处理措施

（1）采取相应的加强补救措施。

（2）加强现场施工管理,避免出现钢筋偏位现象。

（3）将信息及时反馈给加工厂,重新设计箍筋外伸长度,避免再次发生类似问题。

3. 预制构件灌浆不密实问题

1）原因分析

灌浆料配置不合理,灌浆管道不畅通、嵌缝不密实造成漏浆,操作人员粗心大意未灌满,如图 5-34 所示。

2）预防措施

（1）严格按照说明书的配比及放料顺序进行配制,搅拌方法及搅拌时间根据说明书进行控制。

（2）构件吊装前应仔细检查注浆管、拼缝是否通畅,灌浆前半小时可适当撒少量水对灌浆管进行湿润,但不得有积水。

图 5-34　预制构件灌浆不密实

（3）使用压力注浆机，一块构件中的灌浆孔应一次连续灌满，并在灌浆料终凝前将灌浆孔表面压实抹平。

（4）灌浆料搅拌完成后保证 40 分钟以内将料用完。

（5）加强操作人员培训与管理，提高工作人员施工质量意识。

4.预制构件缺少预留拉筋问题

1）原因分析

主要是设计问题，设计时候考虑不够周全，造成部分重要节点处设计不合理，如图 5-35 所示。

图 5-35　预制构件缺少预留拉筋

2）处理措施

（1）施工单位加强对现浇节点处的检查，监理单位、甲方进行复查。

（2）要求设计对此部位增加拉筋，并要求认真检查设计情况，如有遗漏，及时整改。

（3）对于已经生产好的构件，还没有安装的要求在侧面植墙拉筋，已经安装好的，后期接缝处做好加固措施。

5.预制构件钢筋偏位问题

1）原因分析

楼面混凝土浇筑前竖向钢筋未限位和固定,楼面混凝土浇筑、振捣使得竖向钢筋偏移,如图5-36所示。

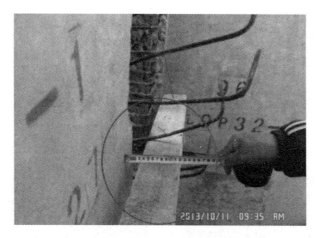

图 5-36 预制构件钢筋偏位

2）预防措施

根据构件编号用钢筋定位框进行限位,适当采用撑筋撑住钢筋框,以保证钢筋位置准确。

混凝土浇筑完毕后,根据插筋平面布置图及现场构件边线或控制线,对预留插筋进行现场预留墙柱构件插筋进行中心位置复核,对中心位置偏差超过10 mm的插筋应根据图纸进行适当的校正。

6. 钢筋连接问题

1）问题描述

现浇节点处钢筋连接存在套筒接头处未拧紧、搭接流于形式、钢筋严重弯折等问题,给结构安全带来隐患。

2）原因分析

一是钢筋套筒连接时工人操作不到位,二是现场监督管理不到位,如图5-37所示。

图 5-37 钢筋连接问题

3）处理措施

（1）钢筋套筒接头在平台混凝土浇筑时加强保护措施,避免造成上面有杂物。

（2）钢筋连接时工人应采取清洗、涂油等措施,保证套筒连接质量符合规范要求。

（3）管理人员需加强现场管理，对每个套筒连接处加强检查，监理做好旁站工作，工程部认真复检，发现问题及时整改。

7. 封口砂浆过多问题

1）问题描述

楼梯井处外墙水平缝密口砂浆过多，严重影响灌浆质量。

2）原因分析

此部位下层预制构件未留企口，导致水平缝隙过大，如图 5-38 所示。

图 5-38　封口砂浆过多

3）处理措施

（1）重新采取封堵措施，并将处理方案报监理、甲方工程部审核通过后实施。

（2）要求施工单位加强现场管理，严禁密口砂浆过多导致灌浆质量无法保证。

8. 预制构件到场验收、堆放问题

1）问题描述

预制构件现场随意堆放，出现上下排木方垫块不在一条直线上，极容易产生裂缝，如图 5-39 所示。

图 5-39　预制构件到场验收、堆放

2）处理措施

预置构件堆放时，一是必须要求堆放场地比较平整，如场地不平，则需调整垫块，保证底层垫块在同一平面，保证底层预制构件摆放平整，受力均匀；二是叠合板堆放层数不能超过 10 层，6～

7层为宜;三是板与板之间不能缺少垫块,且竖向垫块需在一条直线上,所有垫块需满足规范要求。

9. 吊点位置设计不合理问题

1) 问题描述

现场吊装过程中,产生明显裂缝,破坏预制构件,如图 5-40 所示。

图 5-40　吊点位置设计不合理

2) 原因分析

一是预制构件本身设计不合理;二是吊点设计不合理。

3) 处理措施

(1) 对吊点不合理的构件做退场处理。

(2) 要求重新设计吊点位置。

10. 预制墙板吊装偏位问题

1) 问题描述

预制墙体偏位比较严重的问题,严重影响工程质量,如图 5-41 所示。

2) 原因分析

夜间施工,墙体校验时出现失误。

3) 处理措施

(1) 校正墙体位置。

(2) 施工单位加强现场施工管理,避免发生类似问题。

(3) 监理单位加强现场检查监督工作。

11. 吊装碰损问题

1) 问题描述

现场发现墙体密口砂浆部位出现明显裂缝,如图 5-42 所示。

2) 原因分析

吊装时现场指挥人员失误,吊装过程中碰撞到已经固定好的预制墙体,造成墙体松动。

3) 处理措施

(1) 重新检查墙体垂直度,调整固定螺栓,确保预制墙体的垂直稳定。

图 5-41　预制墙板吊装偏位

图 5-42　吊装碰损

（2）密口砂浆位置重新施工，确保砂浆密实。

（3）施工单位加强现场吊装管理，规范吊装，避免野蛮施工吊装行为。

12.预制构件斜撑预埋螺栓固定点缺失问题

1）问题描述

部分预制构件斜撑预埋螺栓固定点缺失、偏位，容易造成后期在楼板打孔植筋破坏预埋线管的隐患，如图 5-43 所示。

图为预留的预制构件斜撑杆固定点位筋

图为预留固定点筋缺尖部位

图 5-43　预制构件斜撑预埋螺栓固定点缺失

2）处理措施

（1）要求施工单位根据图纸确定所有固定点位置并做好相应标记，在浇筑混凝土前认真检查现场预留固定点位筋的数量和质量，既不能缺失，也不能偏位超标。

（2）监理单位和甲方工程部要加强此部位的验收工作。

13. 预制构件管线遗漏、凿槽问题

1）问题描述

现场发现部分预制构件预埋管缺少、偏位等现象，造成现场安装时需在预制构件凿槽等问题，容易破坏预制构件，如图 5-44 所示。

2）原因分析

一是构件加工过程中预埋管件遗漏，二是管线安装未按图施工。

预制构件预埋管线缺少处

预埋管线严重偏位

图 5-44　预制构件管线遗漏、凿槽

3）处理措施

加强管理，预埋管线必须按图施工，不得遗漏，在浇筑混凝土前加强检查。

5.9　装配式混凝土结构施工方案编制

5.9.1　装配式混凝土结构施工方案编制要点

工程项目施工前，应该认真编写专项施工方案，编写要突出装配式结构安装的特点，对施工组织及部署的科学性、施工工序的合理性，施工方法选用的技术性、经济性和实现的可能性进行科学的论证；能够达到科学合理地指导现场，组织调动人、机、料、具等资源完成装配式安装的总体要求；针对一些技术难点提出解决问题的方法。专项施工方案编制要点包括以下几项。

1. 编制依据

指导装配施工所必需的施工图（包括构件拆分图和构件布置图）和相关的国家标准及强制性条文与企业标准、标准图集、验收标准。

2. 工程概况

（1）工程总体情况简介（工程名称、地址、建筑规模和施工范围）；建设单位、设计单位、监理单位;质量和安全目标。

（2）工程设计结构及建筑特点（结构安全等级、抗震等级、地质水文、地基与基础结构以及消防、保温等要求）;要重点说明装配式结构的体系形式和工艺特点，装配式楼栋分布、各楼栋预制构件应用情况、各预制构件平面布置情况、对工程难点和关键部位要有清晰的预判。

（3）工程环境特征（场地供水、供电、排水情况）;详细说明与装配式结构紧密相关的气候条件;雨、雪、风特点;对构件运输影响大的道路桥梁情况。

3. 施工准备与组织（技术准备、设备与机具、人员、现场条件、材料、试验）

结核项目的具体设计及现场条件、资源情况，所做的技术准备，吊装设备与机具准备，吊装人员组织与安排，现场施工条件具备情况，装配施工所需的材料供应组织，相应的试验准备等。

4. 部署施工（总体施工顺序、流水区段划分、标准层装配施工顺序、楼面工序衔接、穿插施工）

（1）施工部署应该包括总体施工顺序、结构施工进度计划、构件生产计划、构件吊装进度计划、分部和分项施工进度计划。

（2）合理划分流水施工段是保证装配式结构工程施工质量和进度以及高效进行现场组织管理的前提条件;装配式混凝土结构工程一般以一个单元为一个施工流水段，从每栋建筑某一单元开始流水有序推进。

（3）对于装配式建筑标准层的预制构件数量及重量应了然于胸，并应该编制预制构件吊装顺序图，为预制构件生产计划的安排、运输和吊装的组织提供重要的编制依据。

（4）为满足构件吊装进度计划要求，各标准楼层楼面施工工程中不同工种的工序衔接安排、穿插配合要求等。

（5）预制构件运输组织应包括车辆数量、运输路线、现场装卸方法、起重堆放安排。

5. 装配施工工艺（各类预制构件的施工工艺、竖向支撑架、灌浆施工、拼缝打胶）

结合项目具体的预制构件设计情况，制定各类预制构件的施工工艺，标准楼层内竖向支撑架的搭设方法，与装配施工紧密相关的灌浆施工、拼缝打胶安排及质量保证措施等。

6. 质量标准及保证措施

略。

7. 主要管理措施

略。

8. 安全文明施工（安全管理措施、文明建设措施、应急响应机制）

略。

9. 质量验收与成品保护

略。

10. 绿色施工与环境保护措施

略。

5.9.2 装配式混凝土结构施工方案参考案例

1. 工程概况、编制依据以及工程特点

1.1 工程概况

略。

1.2 编制依据

(1) PC 结构施工图纸以及招标文件。

(2) GB 50068—2008《建筑结构可靠性设计统一标准》。

(3) GB/T 51231—2016《装配式混凝土建筑技术标准》。

(4) GB 50010—2010《混凝土结构设计规范》(2015 年版)。

(5) JGJ 3—2010《高层建筑混凝土结构技术规程》。

(6) JGJ 1—2014《装配式混凝土结构技术规程》。

1.3 工程特点

1.3.1 主要特点

本工程为预制装配式混凝土结构,其主要特点如下。

①现场结构施工采用预制装配式方法,楼板、楼梯等为成品构件。

②预制装配式构件的产业化。所有预制构件全部采用在工厂流水加工制作,制作的产品直接用于现场装配。

③在设计过程中,运用 BIM 技术,模拟构件的拼装,减少安装时的冲突。

④楼梯、叠合、连廊栏杆均在 PC 构件的设计时考虑点位,设置预埋件,后续直接安装。

1.3.2 工程新技术特点

产业化程度高,资源节约与绿色环保;构件工厂预制和制作精度控制良好;构件的深化加工设计图与现场的可操作性的相符;施工垂直吊运机械选用与构件的尺寸组合;装配构件的临时固定连接方法;校正方法及应用工具;装配误差控制;预制构件连接控制与节点防水措施;施工工序控制与施工技术流程;专业多工种施工劳动力组织与熟练人员培训;装配式结构非常规安全技术措施以及产品的保护,为新技术的推广做出了贡献。

2. 施工部署

2.1 施工准备

2.1.1 技术准备

(1) 开始施工前,应具备结构设计图、建筑图、相关基础图、混凝土结构施工总图、各分部工程施工详图(二次深化设计节点详图)及其他有关图纸等技术文件。

(2) 全程安排地勘、设计、施工等主要技术人员参与图纸二次深化设计的节点布置,具体应该充分考虑梁柱连接方式、位置;主梁与主梁连接方式、位置;主次梁连接方式、位置等。

(3) 积极参加图纸会审,与业主、设计单位、监理充分沟通,确定施工图纸、二次深化设计图纸等与其他专业工程设计文件无矛盾;与其他专业工程配合施工程序合理;满足业主使用要求及建设意图。

(4) 编制详细的施工组织设计,分项作业指导书。施工组织设计包括工程概况及特点说明、工程量清单,现场平面布置、能源、道路及临时建筑设施等的规划方案、主要施工机械和吊装方法、施工技术措施及降低成本计划、专项施工方案、劳动组织及用工计划、工程质量标准、安全及环境保护、主要资源表等。其中吊装主要机械选型及平面布置是吊装重点。分项作业指导书可以细化为作业卡,主要用于作业人员明确相应工序的操作步骤、质量标准、施工工具和检测内容、检测标准。

(5) 依照承接工程的具体情况,确定构件进场检验内容及适用标准,以及构件安装检验批划分、检验内容、检验标准、检测方法、检验工具,在遵循国家标准的基础上,参照部标、地标或其他权威认可的标准,确定后在工程中使用。

(6)组织必要的工艺试验,如焊接工艺试验、压型钢板施工及栓钉焊接检测工艺试验。根据结构深化图纸,验算结构框架安装时构件受力情况,科学地预计其可能的变形情况,并采取相应合理的技术措施来保证构件安装的顺利进行。

(7)和工程所在地的相关部门(如治安、交通、绿化、环保、文保、电力)进行协调等。并到当地的气象部门了解以往年份的气象资料,做好防风、防洪、防汛、防高温等措施。

2.1.2 材料准备

(1)该项目的所有材料必须符合现行国家产品标准和设计要求。如焊接材料、高强度螺栓、压型钢板、栓钉等。

(2)构配件进场时必须随车携带有效的合格证、质量证明文件,预制混凝土构件还应该携带相应的检验批以及隐蔽验收记录等质量文件,同时提供验收规范需要提供的其他文件。

2.1.3 机具准备

机具准备如表5-6所示。

表5-6 机具准备

序 号	机 具 名 称	型 号	数 量
1	汽车式起重机	QY25	6
2	交直流电焊机	WS-315A	8
3	CO_2 气体保护焊机	NBC-250F	2
4	角向磨光机	S1M-HW3-100	5
5	超声波探伤仪	CTD290	3
6	葫芦	2~5 吨	6
7	经纬仪	DT-02	2
8	水准仪	DS-32	2
9	全站仪	GTS332	1

2.2 作业条件

(1)各类设计图会审完毕。

(2)根据结构深化图纸,验算结构框架安装时构件受力情况,科学地预计其可能的变形情况,并采取相应合理的技术措施来保证安装的顺利进行。

(3)各专项工种施工方案审核完成。

(4)钢筋混凝土基础完成,并经验收合格。

(5)施工临时用电用水铺设到位。

(6)劳动力进场。

(7)施工机具安装调试验收合格。

(8)构件进场验收检查合格。

2.3 工程目标

2.3.1 安全施工目标

整个施工过程中杜绝重大伤亡事故,月事故(轻伤)发生频率控制在1.5‰以内。

2.3.2 文明施工目标

按国家有关文件规定实行安全文明施工。

2.3.3 进度施工目标

本进度施工目标在保障施工总进度计划实现的前提下,施工过程中投入相应数量的劳动力、机械设备、管理人员,并根据施工方案合理有序地对人力、机械、物资进行有效调配,保证计划中各施工节点如期完成。

3. 装配式混凝土结构施工

3.1 预制构件的运输

3.1.1 预制构件运输过程中应做好安全和成品保护,应根据预制构件采取可靠的固定措施。

3.1.2 对于超高、超宽、形状特大的大型预制构件运输和存放应制定专门的质量安全保证措施。

3.1.3 运输时应采取以下防护措施。

(1) 设置柔性垫片,避免预制构件边角部位或链索接触处的混凝土受到损伤。

(2) 用塑料薄膜包裹垫块避免预制构件外观污染。

(3) 墙板门窗框、装饰表面和棱角采用塑料贴膜或其他措施防护。

(4) 竖向薄壁构件设置临时防护支架。

(5) 装箱运输时,箱内四周采用木材或柔性垫片填实,支撑牢固。

3.1.4 根据构件的特点采用不同的运输方式,托架、靠放架、插放架应进行专门设计,进行强度、稳定性和刚度验算。

(1) 外墙板宜采用直立式运输,外饰面层应朝外,梁、板、楼梯、阳台宜采用水平运输。

(2) 采用靠放架式运输时,构件与地面倾斜角宜大于80°,构件应对称靠放,每侧不大于2层,构件层间上部用木垫块隔离。

(3) 采用插放架直立运输时,应采取防止构件倾倒措施,构件之间应设置隔离垫块。

(4) 水平运输时,预制梁、柱构件叠放不宜超过3层,板类叠放不宜超过6层。

3.2 预制构件的存放

3.2.1 存放场地应平整、坚实,并应有排水措施。

3.2.2 存放库区宜实行分区管理和信息化台账管理。

3.2.3 应按照产品品种、规格型号、检验状态分类存放,产品标识应明确、耐久,预埋吊件应朝上,标识应朝外。

3.2.4 应合理设置垫块支点位置,确保预制构件存放稳定,支点宜与起吊位置一致。

3.2.5 与清水混凝土面接触的垫块应采取防污染措施。

3.2.6 预制构件多层叠放时,每层构件间的垫块上下对齐;预制楼板、叠合板、阳台板和空调板等构件宜平放,叠放层数不宜超过6层;长期存放时,应采取措施控制预应力构件起拱值和叠合板翘曲变形。

3.2.7 预制柱、梁等细长构件宜平放且用两条垫木支撑。

3.2.8 预制内外墙板、挂板宜采用专用支架直立存放,支架应有足够的强度和刚度,薄弱构件、构件薄弱部位和门窗洞口应采用防止变形开裂的临时加固措施。

3.3 预制构件的安装施工

3.3.1 施工准备

(1) 装配式混凝土结构施工应制定专项方案,专项施工方案应包括工程概况、编制依据、进

147

度加护、施工场地布置、预制构件运输及存放、安装与连接施工、绿色施工、安全管理、质量管理、信息化管理、应急预案等内容。

（2）预制安装构件、安装用材料及配件等应符合国家现行有关标准及产品应用技术手册的规定，并应按照国家现行相关标准的规定进行进场验收。

（3）施工现场应根据施工平面规划设置运输通道和存放场地，并应做到现场运输道路和存放场地坚实平整，有排水措施；施工现场内道路应按照构件运输车辆的要求合理设置转弯半径及道路坡度；构件运到存放场地后应符合构件存放相关规定。

（4）安装施工前，应进行测量放线，设置构件安装定位标识。测量放线应符合现行国家标准《工程测量标准》的相关规定。

（5）安装施工前，应核对已施工完成结构、基础的外观质量和尺寸偏差，确认混凝土的强度和预留预埋件符合设计要求，并应该确认预制构件的混凝土强度及预制构件和配件的型号、规格、数量等符合设计要求。

（6）安装施工前，应复核吊装设备的吊装能力，应按现行行业标注《建筑机械使用安全技术规程》的有关规定，检查复核吊装设备及吊具处于安全操作状态，并核实现场环境、天气、道路状况等满足吊装施工要求。

（7）高空作业人员应正确使用安全防护用品，宜采用工具式操作架进行安装作业。

3.3.2　预制构件安装

（1）应根据当天的作业内容进行班前安全技术交底。

（2）预制构件应按照吊装顺序预先编号，吊装时严格按编号顺序起吊。

（3）预制构件在吊装过程中，应设置缆风绳控制构件转动。

（4）应根据预制构件的形状、尺寸、重量和作业半径等要求选择吊具和起重设备，所采用的吊具和其中设备及其操作，应符合国家现行的有关标准及产品应用技术手册的规定。

（5）吊点数量、位置应经计算确定，应保证吊具连接可靠，应采取保证起重设备的主钩位置、吊具及构件中心在竖直的方向上重合的措施。

（6）吊索水平夹角不宜小于 60 度，不应小于 45 度。

（7）应采取慢起、稳升、缓放的操作模式，吊运过程应保持稳定，不得偏斜、摇摆和扭转，严禁吊装构件长时间悬停在空中。

（8）吊装大型构件、薄壁构件或形状复杂的构件时，应使用分配梁或分配桁架类吊具，并应采取避免构件变形和损伤的临时加固措施。

3.3.3　预制构件吊装就位后应及时校准并采取临时固定措施。

（1）预制墙板、预制柱等竖向构件安装后，应对安装位置、安装标高、垂直度进行校核与调整。

（2）叠合构件、预制梁等水平构件安装后应对安装位置、安装标高进行校核与调整，

（3）水平构件安装后，应对相邻预制构件平整度、高低差、拼缝尺寸进行校核与调整。

（4）装饰类构件应对装饰面的完整性进行校核与调整。

（5）临时固定措施、临时支撑系统应具有足够的强度、刚度和整体稳定性，应按现行国家标准《混凝土结构工程施工规范》的有关规定进行验算。

3.3.4　预制构件与吊具的分离应在校准定位及临时支撑安装完成后进行。

3.3.5　竖向预制构件安装采用临时支撑时，应符合下列规定。

（1）预制构件的临时支撑不宜少于 2 道。

（2）对预制柱、墙板构件的上部斜支撑，其支撑点距离板底的距离不宜小于构件高度的2/3，且不应小于构件高度的1/2，斜支撑应与构件可靠连接。

（3）构件安装就位后，可通过临时支撑对构建的位置和垂直度进行微调。

3.3.6 水平预制构件安装采用临时支撑时，应符合下列规定。

（1）首层支撑架体的地基应平整坚实，宜采取硬化措施。

（2）临时支撑的间距及其与墙、柱、梁的净距应经设计计算确定，竖向连续支撑层数不宜少于2层且上下层支撑宜对准。

（3）叠合板预制底板下部支撑宜选用定型独立钢支柱，竖向支撑间距应经计算确定。

3.3.7 预制柱安装应符合下列规定。

（1）宜按照角柱、边柱、中柱顺序进行安装，与现浇部分连接的柱宜先行吊装。

（2）预制柱的就位以轴线和外轮廓线为控制线，对于边柱和角柱，应以外轮廓线控制为准。

（3）就位前应设置柱底调平装置，控制柱安装标高。

（4）预制柱安装就位后应在两个反方向设置可调节临时固定措施，并应进行垂直度、扭转调整。

（5）采用套筒灌浆连接的预制柱调整就位后，柱脚连接部位宜采用模板封堵。

3.3.8 预制剪力墙板安装应符合下列规定。

（1）与现浇部分连接的墙板宜先行吊装，其他宜按照"先外后内"的原则进行吊装。

（2）就位前应在墙板底部设置调平装置。

（3）采用套筒灌浆连接、浆锚搭接连接的夹芯保温外墙板应在保温材料部位采用弹性密封材料进行封堵。

（4）采用套筒灌浆连接、浆锚搭接连接的墙板需要分仓灌浆时，应采用坐浆料进行分仓；多层剪力墙采用坐浆时应均匀铺设坐浆料；坐浆料强度应符合设计要求。

（5）墙板以轴线或轮廓线为控制线，外墙应以轴线和外轮廓双控。

（6）安装就位后应设置可调斜支撑临时固定，测量预制墙板的水平位置、垂直度、高度等，通过墙底垫片、临时支撑进行调整。

（7）预制墙板调整就位后，墙底部连接部位应采用模板进行封堵。

（8）叠合墙板安装就位后进行叠合墙板拼缝处附加钢筋安装，附加钢筋应与现浇段钢筋网交叉点全部绑扎牢固。

3.3.9 预制梁或叠合梁安装应符合下列规定。

（1）安装顺序宜遵循先主梁后次梁，先低后高的原则。

（2）安装前，应测量并修正临时支撑标高，确保与梁底标高一致，并在柱子上弹出梁边控制线；安装后根据控制线进行精密调整。

（3）安装前，应复核柱钢筋与梁钢筋位置、尺寸，对梁钢筋与柱钢筋位置有冲突的，应按照设计单位确认的技术方案调整。

（4）安装时梁伸入支座长度与搁置长度应符合设计要求。

（5）安装就位后应对水平度、安装位置、标高进行检查。

（6）叠合梁临时支撑应在后浇混凝土强度达到设计要求后方可拆除。

3.3.10 叠合板预制底板安装应符合下列规定。

（1）预制底板吊装完成后应对底板接缝高差进行校核；当叠合板底板接缝高差不满足设计要求时，应将构件重新起吊，通过可调支座进行调节。

（2）预制底板的接缝宽度应满足设计要求。

（3）临时支撑应在后浇带混凝土强度达到设计要求后方可拆除。

3.3.11 预制楼梯安装应符合以下规定。

（1）安装前，应检查楼梯构件平面定位及标高，并宜设置调平装置。

（2）就位后，应及时调整并固定。

3.3.12 预制阳台板、空调板安装应符合下列规定。

（1）安全前，应检查支座顶面标高及支撑面的平整度。

（2）临时支撑应在后浇混凝土强度达到设计要求后方可拆除。

3.4 预制构件的连接

3.4.1 模板工程、钢筋工程、预应力工程、混凝土工程要同时满足国家现行标准《混凝土结构工程施工规范》《钢筋套筒灌浆连接应用技术规程》等的有关规定，当采用自密实混凝土时，还应符合现行行业标准《自密实混凝土应用技术规程》的有关规定。

3.4.2 采用钢筋套筒灌浆连接、钢筋浆锚搭接连接的预制构件施工，应符合以下规定。

（1）现浇混凝土中伸出的钢筋应采用专用模具进行定位，并应采用可靠的固定措施控制连接钢筋的中心位置及外露长度满足设计要求。

（2）构件安装前应检查预制构件上套筒、预留孔的规格、位置、数量和深度，当套筒、预留孔内有杂物时，应清理干净。

（3）应检查被连接钢筋的规格、数量、位置和长度。当连接刚筋倾斜时应进行校直；连接钢筋偏离套筒或孔洞中心线不宜超过3 mm。连接钢筋中心位置存在严重偏差影响预制构件安装时，应会同设计单位制定专项处理方案，严禁随意切割、强行调整定位钢筋。

3.4.3 钢筋套筒灌浆连接接头应按检验批划分要求及时灌浆，灌浆作业应符合现行行业标准《钢筋套筒灌浆连接应用技术规程》的相关规定。

3.4.4 钢筋机械连接的施工应符合现行行业标准《钢筋机械连接技术规程》的相关规定。

3.4.5 焊接或螺栓连接的施工应符合国家现行标准《钢结构焊接规范》《钢结构工程施工规范》《钢结构焊接及验收规范》等的有关规定，采用焊接连接时，应采取避免损伤已施工完成的结构，预制构件及配件的措施。

3.5 成品保护

3.5.1 预制构件成品应符合以下规定。

（1）预制构件成品外露保温板应采取防止开裂措施，外露钢筋应采取防弯折措施，外露预埋件和连接件等外露金属件应按不同环境类别进行防护或防腐、防锈。

（2）采取保证吊装前预埋螺栓孔清洁的措施。

（3）钢筋连接套筒、预埋孔洞应采取防止堵塞的临时封堵措施。

（4）露骨料粗糙面冲洗完成后应对灌浆套筒的灌浆孔和出浆孔进行透光检查，并清理灌浆套筒内的杂物。

（5）冬季生产和存放的预制构件的非贯穿孔洞应采取措施防止雨雪水进入发生冻胀损坏。

3.5.2 预制构件在运输过程中应做好安全和成品防护，并应符合下列规定。

（1）应根据预制构件种类采取可靠的固定措施。

（2）对于超高、超宽、形状特殊的大型预制构件的运输和存放应制定专门的质量安全保证措施。

（3）运输时要采取如下防护措施。

①设置柔性垫片避免预制构件边角部位或链索接触处的混凝土损伤。

②用塑料薄膜包裹垫块避免预制构件外观污染。

③墙板门窗框、装饰表面和棱角采用塑料贴膜或其他措施防护。

④竖向薄壁构件设置临时防护支架。

⑤装箱运输时,箱内四周采用木材和柔性垫片填实、支撑牢固。

(4)应根据构件特点采用不同的运输方式,托架、靠放架、插放架应进行专门设计,进行强度、稳定性和刚度的验算。

①外墙板宜采用直立式运输,外饰面层应朝外,梁、板、楼梯、阳台宜采用水平运输。

②采用靠放架立式运输,外饰面与地面倾角宜大于 80 度,构件应对称靠放,每层不大于 2 层,构件层间上部采用垫块隔开。

③采用插放架直立运输时,应采取防止构件倾倒措施,构件之间应设置隔离垫块。

④水平运输时,预制梁、柱构件叠放不宜超过 3 层,板类构件叠放不宜超过 6 层。

3.5.3 安装施工时的成品保护应符合以下规定。

(1)交叉作业时,应做好工序交接,不得对已完成工序的成品、半成品造成破坏。

(2)在装配式混凝土建筑施工全过程中,应采取防止构件、部品及预制构件上的建筑附件、预埋件、预埋吊件等损伤或污染的保护措施。

(3)预制构件上的饰面砖、石材、涂刷、门窗等处宜采用贴膜保护或其他专业材料保护。安装完成后,门窗框应采用槽型木框保护。

(4)连接止水条、高低口、墙体转角等薄弱部位,应采用定型保护垫块或专用套件做加强保护。

(5)预制楼梯饰面层应采用铺设木板或其他覆盖形式的成品保护措施,楼梯安装结束后,踏步口宜铺设木条或其他覆盖形式保护。

(6)遇有大风、大雨、大雪等恶劣天气时,应采取有效措施对存放预制构件成品进行保护。

(7)装配式混凝土建筑的预制构件和部品在安装施工过程、施工完成后不应受到施工机具的碰撞。

(8)施工梯架、工程用的物料等不得支撑、顶压或斜靠在部品上。

(9)当进行混凝土地面等施工时,应防止物料污染、损坏预制构件和部品表面。

4.质量保证措施

4.1 组织保证措施

4.1.1 为实现本工程的质量目标,建立完善的质量保证体系,并认真贯彻执行 ISO9001 质量体系系列程序文件,实施一系列管理措施。应进行全员质量意识教育,树立"质量就是生命、责任重于泰山"的思想。

4.1.2 实现质量责任制度,层层落实质量责任,形成经理部、工程处、班组三级质量管理网络。

4.1.3 建立工程 QC 小组,积极开展全面质量管理活动,对复杂的施工工序开展 QC 小组攻关,通过 PDCA(计划、实施、检查、处理)循环不断提高质量。

4.1.4 质量管理制度

(1)技术交底制度:坚持以技术进步来保证施工质量的原则。技术部门编制有针对性的施工组织设计,积极采用新工艺、新技术,针对特殊工序要编制有针对性的作业指导书(如混凝土构件预拼装)。每个工种、每道工序施工前都要组织进行各级技术交底,包括专业工程师对工长的技术交底,工长对班组的技术交底,班组长对作业班组的技术交底。各级交底要以书面形式进行。因技术措施不当或交底不清而造成质量事故的要追究有关部门和人员责任。

（2）材料进场检验制度：本工程的钢筋，水泥及各类材料进场，需具有出厂合格证，并根据国家规范要求分批量进行抽检，抽检不合格的材料一律不准使用。因使用不合格材料而造成的质量事故要追究验收人员的责任。

（3）施工挂牌制度：主要工种如钢筋、混凝土、模板、砌筑、抹灰及水电安装等，施工过程中在现场实行挂牌制度。注明管理者、操作者、施工日期。坚持图纸会审和技术交底制度，最大限度地把可能出现的问题解决在施工之前。

（4）精心编制施工组织设计、施工方案，并认真进行技术交底。严格执行审批制度，任何一项技术措施的出台都必须履行审批制度，符合审批程序。坚持样板引路制度，先做样板或先做试验，经验收合格后再进行大面积施工。

（5）施工前工长必须进行技术、质量、安全的详细书面交底，交底双方签字。关键过程、特殊过程的技术交底资料应经技术部负责人或项目总工程师审批。

4.2 施工过程的质量保证措施

4.2.1 钢筋半成品、钢筋网片、钢筋骨架和钢筋桁架应检查合格后才可进行安装，并应严格按照以下要求执行。

（1）钢筋表面不得有油污，不应严重锈蚀。

（2）钢筋网片和钢筋骨架应采用专用吊架进行吊运。

（3）混凝土保护层厚度应满足设计要求，保护层垫块宜与钢筋骨架或网片绑扎牢固，按梅花状布置，间距满足钢筋限位及控制变形要求，钢筋绑扎丝甩扣应弯向构件内侧。

（4）钢筋成品的尺寸应严格按照表 5-7 所示进行检查，符合要求后才可以进行下道工序。

表 5-7 成品尺寸允许偏差及检验方法

项　　目		允许偏差/mm	检 验 方 法
钢筋网片	长、宽	±5	钢尺检查
	网眼尺寸	±10	钢尺量连续三档，取最大值
	对角线	5	钢尺检查
	端头不齐	5	钢尺检查
钢筋骨架	长	0、−5	钢尺检查
	宽	±5	钢尺检查
	主筋间距	±10	钢尺量两端、中间各一点，取最大值
	主筋排距	±5	钢尺量两端、中间各一点，取最大值
	箍筋间距	±10	钢尺连续量三档，取最大值
	弯起点位置	15	钢尺检查
	端头不齐	5	钢尺检查
	保护层 柱、梁	±5	钢尺检查
	板、墙	±3	钢尺检查

4.2.2 预制构件浇筑混凝土前应采取的保证质量措施。

（1）钢筋的牌号、规格、数量、位置、间距等的严格检查。

（2）检查纵向受力钢筋的连接方式、接头位置、接头质量、接头面积百分率、搭接长度、锚固方式及锚固长度。

（3）检查箍筋弯钩的弯折角度及平直段长度是否满足规范要求。

（4）检查钢筋的保护层厚度是否满足规范要求。

（5）预埋件、吊环、插筋、灌浆套筒、预留孔洞、金属波纹管的规格、数量、位置及固定措施是否符合设计要求。

（6）预埋线盒和管线的规格、数量、位置及固定措施是否满足验收规范。

（7）夹芯外墙板的保温层位置和厚度、拉结件的规格、数量和位置是否符合设计要求。

（8）预留孔道的规格、数量、位置、灌浆孔、排气孔、锚固区局部构造是否满足设计及规范要求。

4.2.3　预制构件出厂检验内容及要求。

1. 型式检验

①不同混凝土强度、规格、材料、工艺的预制构件每年应由国家、部、省主管部门认可的检测机构进行型式检验，提供检验合格报告。

②型式检验报告的内容应包括混凝土强度、外观质量、外形几何尺寸、耐久性能、耐火性能、钢筋保护层厚度等；对涉及结构安全的构件应进行承载力等结构性能检验；对外墙、屋面等有防水防渗要求的构件应进行抗渗性能检验；对于有保温隔热等要求的构件应按相关规范要求进行保温隔热性能等检验。

2. 结构性能检验

预制构件应依据《混凝土结构工程施工质量验收规范》(GB 50204—2015)等现行规范相关要求进行结构性能检验，检验批未检验或检验不合格的预制构件不得出厂使用。当预制构件进场不做结构性能检验时，应按《混凝土结构工程施工质量验收规范》(GB 50204—2015) 9.2.2条第3款的要求进行驻厂监造或进场实体检验。

预制构件结构性能检验应按标准图或设计要求的试验参数实施。

3. 出厂检验

出厂检验由生产厂家专职质检人员等组织具体实施。

预制构件出厂前应进行混凝土强度、观感质量、外形尺寸、预埋件、钢筋位置安装偏差等检验，隐蔽工程检查验收记录应该齐全，其检验批的划分应符合方案及相应规范规定。

预制构件出厂检验观感质量不宜有一般缺陷，不应有严重缺陷。存在一般缺陷的构件，应按技术处理方案进行处理；存在严重缺陷的构件，一律不得出厂。

预制构件出厂的预留钢筋、连接件、预埋件和预留孔洞的规格、数量、位置等应符合设计要求，允许偏差应符合相应规范要求。

4. 信息化标识要求

预制构件生产单位应通过统一的信息系统制作带有唯一性识别码的芯片或二维码，出厂构件采用预埋芯片或粘贴二维码进行标识，芯片或二维码信息内容应包含工程名称、构件名、型号、生产单位、执行标准、制作浇筑日期、出厂日期、合格/修补状态、合格证号、质检人、生产负责人、驻厂监理人、验收及监管等。检验不合格、标识不全的产品不得出厂。

4.2.4　安装前的准备工作应做好以下工作。

（1）应编制施工组织设计和专项施工方案，包括安全、质量、环境保护方案及施工进度计划等内容。

（2）应对所有进场部品、零配件及辅助材料按设计规定的品种、规格、尺寸和外观要求进行检查。

（3）应进行技术交底。

（4）现场应具备安装条件，安装部位应清理干净。

（5）装配前应进行必要的测量放线工作。

4.2.5 装配式混凝土结构的尺寸偏差及检验方法应符合表 5-8 的规定。

表 5-8 装配式混凝土结构的尺寸偏差及检验方法

项　　目			允许偏差/mm	检 验 方 法
构件中心线对轴线位置	基础		15	经纬仪或尺量
	竖向构件(柱、墙、桁架)		8	
	水平构件(梁、板)		5	
构件标高	梁、柱、墙、板底面或顶面		±5	水准仪或拉线、尺量
构件垂直度	柱、墙	≤6m	5	经纬仪或吊线、尺量
		>6m	10	
构件倾斜度	梁、桁架		5	经纬仪或吊线、尺量
相邻构件平整度	板断面		5	2m 靠尺和塞尺量测
	梁、板底面	外露	3	
		不外漏	5	
	柱墙侧面	外露	5	
		不外漏	8	
构件搁置长度	梁板		±10	尺量
支座、支垫中心位置	板、梁、柱、墙、桁架		10	尺量
墙板接缝	宽度		±5	尺量

4.2.6 后浇混凝土的施工应符合下列规定。

（1）预制构件结合面疏松部分的混凝土应剔除并清理干净。

（2）混凝土分层浇筑高度应符合国家现行有关标准的规定，应在底层混凝土初凝前将上一层混凝土浇筑完毕。

（3）浇筑时应采取保证混凝土或砂浆密实的措施。

（4）预制梁、柱混凝土强度等级不同时，预制梁柱节点区混凝土强度等级应符合设计要求。

（5）混凝土浇筑前应布料均衡，浇筑和振捣时，应对模板及支架进行观察和维护，发生异常情况应及时处理；构件接缝混凝土浇筑和振捣应采取措施防止模板、相连接构件、钢筋、预埋件及其定位移位。

5.PC 结构安全文明与施工

5.1 PC 结构安全与施工

5.1.1 脚手架平面布置以及特殊临边防护外架

本次 PC 住宅楼采用落地外脚手架和悬挑脚手架特殊外架临边围挡作为吊装施工及外墙清理安全防护措施，脚手基础在坚实地基上（回填土夯实）浇捣整条通长砼板带。搭设按结构层次施工逐步由下向上进行,满足预制装配式墙板结构施工需要,施工完毕后,由人工和塔吊配合拆除。

5.1.2 安全通道及高压线防护架

适用范围:多功能组合钢构架可利用标准的构件完成多种临时设施的搭设,包括人行安全通道、车行安全通道、仓库及各种加工棚。

5.1.3 楼层楼梯扶手

适用范围:适用于安装在不同长度,不同斜度的楼梯段临边作防护。

结构、型号:采用内插式钢管,弯头可调节,杆件可伸缩。

制作特点:钢材采用国家标准材料,制作严格按图施工。尺寸正确,连接方便、牢固,达到安全防护目的。

产品特点:楼梯扶手栏杆采用工具式短钢管接头,立杆采用膨胀螺栓与结构固定,内插钢管栏杆,使用结束后可拆卸周转重复使用。

安装要求:立杆安装要求位置正确,垂直,底座膨胀螺栓与结构固定平整牢固,内插钢管栏杆连接,螺丝不遗漏。

颜色要求:扶手栏杆颜色采用黄、黑两色(油漆二度)。

5.1.4 电梯井防护门

适用范围:门式电梯井安全门是建筑施工现场预防人身伤害必备的保护设施,它涉及高层建筑、多层建筑、综合性工业厂房等建筑施工工地。

结构、型号:电梯井安全门全部由钢结构组成,适用于门洞宽度(900～1200 mm)的电梯井。

制作特点:钢材采用国家标准材料,制作严格按图施工,尺寸正确,电焊接点牢固,达到安全防护之目的,喷漆均匀,安全门安装离地200 mm。

产品特点:门式电梯井安全门,结构简洁,安装、使用方便、感观大方,质量安全可靠,符合安全生产保证体系要求。

安装要求:铰链固定要求横平竖直,标高准确,铰链固定用膨胀螺栓,要求拧紧;安全门的安装离地200 mm。

颜色要求:电梯安全门采用黄色,门下部挡脚板采用黄、黑间隔,宽度为150 mm,60度斜向布置。

5.1.5 基坑临边防护围挡

适用范围:适用于基坑周边区域的围护及施工区域的隔离分隔,并可适用于电梯井防护门。

结构、型号:基坑临边防护栏由钢立管和插片式防护围栏组成,各构件由螺栓锚固组成。

制作特点:钢材采用国家标准材料,制作严格按图施工;尺寸正确,焊接牢固,达到安全防护目的。

产品特点:结构简单、安装使用方便,外观大方,质量安全可靠,可反复使用。

安装要求:基坑周边防护围栏的立管底座应埋入混凝土反梁内,梁截面为150 mm×150 mm护栏距地总高度1200 mm;用于电梯井防护门时,应采用拼装式网片,护栏通过锚固钢板同电梯井边墙面有稳妥连接,各锚固件位置和栏板高度尺寸应符合设计要求。

颜色要求:ϕ48钢管、定型网片、角钢框均为黄色(油漆二度)。

5.1.6 PC安装与施工

PC板吊装、卸车需垂直起吊,在卸车过程中各相关人员相互配合,完成该放置过程,严禁非吊装人员进入吊装区域,PC板上挂钩之后要检查一遍挂钩是否锁紧,起吊要慢、稳,保证PC板在吊装过程中不左右摇晃。在楼层外架上安装作业人员须佩戴安全带、安全帽等。

（1）PC吊装工人必须经过三级教育及安全生产知识考试合格，并且接受安全技术交底。

（2）吊装各项工作要固定人员不准随便换人，以便工人熟练掌握技能，外架吊装作业时按要求佩戴安全带，确保施工安全。

（3）PC板吊装工人每次作业必须检查钢丝绳、吊钩、手拉葫芦、吊环螺丝等有关安全环节吊具，确保完好无损，无带病使用后方可进行作业。

（4）PC板离开地面后，所有工人必须全部撤离PC板运行轨道及其附近区域。

（5）PC板上预留的起吊点（螺栓孔）必须全部利用到位且螺栓必须拧紧，严禁吊装工人贪图快速减少螺栓。

（6）PC板吊装工人必须与塔吊班组配合，禁止野蛮施工，遇有六级及六级以上大风PC板吊装工人不得强求塔吊班组继续作业。

（7）PC板吊装时必须采用"四点吊"，且吊点位置必须按照图纸中明确的预留吊点孔洞进行加固起吊，不得利用PC板上其他预留孔洞进行起吊。

（8）PC板吊装时四条吊装钢丝绳必须采用同规格、同长度（4m）进行吊装，否则吊装时受力不稳易发生脱落现象。

5.2 文明施工措施

5.2.1 场容场貌管理

（1）按照要求实行封闭施工，施工区域围栏围护，大门设置门禁系统，按日式化管理进行，人员打卡进入，着装应标准化，闲杂人员一律不得入内。

（2）施工现场的场容管理，实施划区域分块包干，责任区域挂牌示意，生活区管理规定挂牌昭示全体。

（3）制定施工现场生活卫生管理、检查、评比考核制度。

（4）工地主要出入口设置施工标牌，内容：工程概况、管理人员名单、安全六大纪律牌、安全生产计数牌、十项安全技术措施、防火须知牌、卫生责任包干图和施工总平面图。

（5）现场布置安全生产标语和警示牌，做到无违章。

（6）施工区、办公区、生活区挂标志牌，危险区设置安全警示标志。在主要施工道路口设置交通指示牌。

（7）确保周围环境清洁卫生，做到无污水外溢，围栏外无渣土、无材料、无垃圾堆放。

（8）环境整洁，水沟通畅，生活垃圾每天用编织袋袋装外运，生活区域定期喷洒药水，灭菌除害。

5.2.2 临时道路管理

（1）进出车辆门前派专人负责指挥。

（2）保证现场施工道路畅通。

（3）做好排水设施，场地及道路不积水。

（4）开工前做好临时便道，临时施工便道路面高于自然地面，道路外侧设置排水沟。

5.2.3 材料堆放管理

（1）各种设备、材料尽量远离操作区域，并不许堆放过高，防止倒塌下落伤人。

（2）进场材料严格按场布图指定位置进行规范堆放。

（3）现场材料员认真做好材料进场的验收工作（包括数量、质量、质保书），并且做好记录（包括车号、车次、运输单位等）。

（4）水泥仓库有管理规定和制度，水泥堆放十包一垛，过目成数，挂牌管理。水泥发放凭限额领料单，限额发放。仓库管理人员认真做好水泥收、发、存流水明细账。

（5）材料堆放按场布图严格堆放，杜绝乱堆、乱放、混放，特别是杜绝把材料堆靠在围挡广告牌后，以防受力造成倒塌等意外事故的发生。

课后练习

一、单选题

1. 双向叠合板板侧的整体式接缝采用后浇带形式时，后浇带宽度不宜小于（　　）mm。

A. 100　　　　　　B. 150　　　　　　C. 200　　　　　　D. 300

2. 叠合梁采用组合封闭箍筋的形式时，开口箍筋上方应做成（　　）弯钩。

A. 90°　　　　　　B. 120°　　　　　　C. 135°　　　　　　D. 145°

3. 叠合板中预制板内的纵向受力钢筋锚入支承梁或墙的后浇混凝土中，锚固长度不应小于（　　）。

A. 2.5d　　　　　　B. 5d　　　　　　C. 8d　　　　　　D. 10d

4. 装配式混凝土建筑施工前，应对首次采用的施工工艺进行评价并制定专门的施工方案，施工方案经（　　）审核批准后方可实施。

A. 项目经理　　　　B. 建设单位　　　　C. 技术负责人　　　D. 监理单位

5. 下列关于预制剪力墙水平接缝说法错误的是（　　）。

A. 预制剪力墙底部接缝宜设置在楼面标高处

B. 接缝高度宜为 20 mm

C. 接缝宜采用灌浆料填实

D. 接缝处后浇混凝土表面应清理干净并保持光滑以保证安装方便

6. 下列关于预制柱的安装顺序正确的是（　　）。

A. 边柱→角柱→中柱　　　　　　　　　B. 中柱→边柱→角柱

C. 角柱→边柱→中柱　　　　　　　　　D. 边柱→中柱→角柱

7. 某装配整体式剪力墙结构，抗震设防烈度为 8 度，预制楼梯在支承构件上的最小搁置长度为（　　）mm。

A. 50　　　　　　B. 75　　　　　　C. 100　　　　　　D. 150

8. 屋面层和平面受力复杂的楼层宜采用现浇楼盖，当采用叠合楼盖时，楼板的后浇混凝土叠合层厚度不应小于（　　）mm，且后浇层内应采用双向通长配筋。

A. 70

C. 90

B. 80

D. 100

9. 下列关于预制楼梯说法错误的是（　　）。

A. 预制楼梯宜一端设置固定铰，另一端设置滑动铰

B. 预制楼梯设置滑动铰的端部应采取防止滑落的构造措施

C. 抗震设防烈度为 6 度时预制楼梯在支承构件上的最小搁置长度为 100 mm

D. 预制楼梯与支承构件之间宜采用简支连接

10. 装配整体式框架结构中,当采用叠合梁时,框架梁的后浇混凝土叠合层厚度不宜小于( ) mm。

A. 100   B. 150   C. 200   D. 250

11. 下列选项中预制外挂墙板的安装流程正确的是( )。

A. 吊具安装→预制外挂墙板吊运及就位→安装及校正→预制外挂墙板与现浇结构节点连接→混凝土浇筑→预制外挂墙板间拼缝防水处理

B. 吊具安装→预制外挂墙板吊运及就位→预制外挂墙板与现浇结构节点连接→安装及校正→混凝土浇筑→预制外挂墙板间拼缝防水处理

C. 吊具安装→预制外挂墙板吊运及就位→安装及校正→预制外挂墙板与现浇结构节点连接→预制外挂墙板间拼缝防水处理→混凝土浇筑

D. 吊具安装→预制外挂墙板吊运及就位→预制外挂墙板与现浇结构节点连接→混凝土浇筑→预制外挂墙板间拼缝防水处理→安装及校正

12. 关于叠合板节点及面层混凝土浇筑说法正确的是( )。

A. 混凝土浇筑前,应将模板内及叠合面上的垃圾清理干净

B. 叠合板表面清理干净后,应在混凝土浇筑前 12 h 对节点及叠合面浇水湿润

C. 叠合板表面浇筑混凝土前 0.5 h 吸干积水

D. 叠合板节点采用与原结构同一标号的无收缩混凝土浇筑

13. 预制剪力墙构件吊装之前应采用( )达到设计板底标高。

A. 坐浆   B. PE 棒

C. 定位钢筋   D. 硬质垫片

14. 预制构件吊运时,吊绳与水平方向的夹角不应小于( )。

A. 40°   B. 25°   C. 45°   D. 30°

15. 下列有关预制剪力墙板安装说法正确的是( )。

A. 就位后,应在墙板底部设置调平装置

B. 采用套筒灌浆连接的夹芯保温外墙板应在保温材料部位采用弹性密封材料进行封堵

C. 与现浇部分连接的墙板宜最后吊装

D. 安装就位后应先调整预制墙板的水平位置、垂直度,后设置可调斜撑

16. 下列关于装配式混凝土结构的钢筋套筒灌浆施工说法错误的是( )

A. 灌浆施工时,环境温度不应低于5 ℃;当连接部位养护温度低于10 ℃时,应采取加热保温措施

B. 灌浆操作全过程应有专职检验人员负责旁站监督并及时形成施工质量检查记录

C. 灌浆作业应采用压浆法从上口灌注,当浆料从下口流出后应及时封堵,必要时可设分仓进行灌浆

D. 灌浆料拌合物应在制备后30min 内用完

17. 安装预制受弯构件时,端部的搁置长度应符合设计要求,端部与支承构件之间应坐浆或设置支承垫块,坐浆或支承垫块厚度不宜大于( )

A. 10 mm   B. 15 mm   C. 20 mm   D. 25 mm

18.下列关于装配式混凝土结构后浇混凝土施工说法错误的是( )

A.预制构件结合面疏松部分的混凝土应剔除并清理干净

B.模板应保证后浇混凝土部分形状、尺寸和位置准确,并应防止漏浆

C.在浇筑混凝土前应洒水湿润结合面,混凝土应振捣密实

D.同一配合比的混凝土,每工作班且建筑面积不超过500 m²应制作一组标准养护试件,同一楼层应制作不少于3组标准养护试件

19.采用钢筋套筒灌浆连接、钢筋浆锚搭接连接的预制构件就位前,检查连接钢筋偏离套筒或孔洞中心线不宜超过( )

A.1 mm   B.2 mm   C.3 mm   D.5 mm

20.对预制墙板的上部斜支撑,其支撑点距离板底的距离不宜小于构件高度的( ),且不应小于构件高度的1/2。

A.2/3   B.2/5   C.3/4   D.3/5

21.某预制剪力墙构件,竖向钢筋采用套筒灌浆连接,抗震等级为一、二级,套筒长度为20cm,则自套筒底部至套筒顶部并向上延伸( )mm范围内,预制剪力墙的水平分布钢筋应加密。

A.100   B.200   C.250   D.300

22.下列关于振动棒振捣混凝土的规定正确的是( )。

A.应按分层浇筑厚度进行振捣,振动棒的前端应插入前一层混凝土中,插入深度不应小于40 mm

B.振动棒应垂直于混凝土表面并快插慢拔均匀振捣

C.当混凝土表面无明显塌陷、无水泥浆出现、不再冒气泡时,应结束该部位的振捣

D.振捣插点间距不应大于振动棒作用半径的1.5倍

23.下列关于预制外墙间接缝施工顺序,正确的是( )。

A.基层处理→贴美纹纸→填充泡沫棒→刷底漆→打专用防水密封胶→刮平收光→拆除美纹纸

B.基层处理→填充泡沫棒→贴美纹纸→打专用防水密封胶→刷底漆→刮平收光→拆除美纹纸

C.基层处理→贴美纹纸→填充泡沫棒→打专用防水密封胶→刷底漆→拆除美纹纸→刮平收光

D.基层处理→刷底漆→贴美纹纸→刮平收光→填充泡沫棒→打专用防水密封胶→拆除美纹纸

24.柱、墙模板内的混凝土浇筑不得发生离析,下列关于倾落高度的说法正确的是( )。

A.粗骨料粒径大于25 mm倾落高度限值3.5 m

B.粗骨料粒径大于25 mm倾落高度限值4 m

C.粗骨料粒径小于等于25 mm倾落高度限值4 m

D.粗骨料粒径小于等于25 mm倾落高度限值5 m

159

25.下列关于吊装及吊装用吊具说法错误的是（　　）。

A.吊具应根据预制构件形状、尺寸及重量等参数进行配置

B.吊索水平夹角不应小于60°

C.对尺寸较大或形状复杂的预制构件,宜采用有分配梁或分配桁架的吊具

D.吊装用吊具应按国家现行有关规定进行设计验算或试验检验

26.下列预制外墙接缝防水构造中不起防水作用的是（　　）。

A.建筑耐候胶　　　　　B.发泡聚乙烯棒　　　　C.高低缝反坎　　　　D.保温层

27.在预制构件开始起吊时,应先将构件吊离地面（　　）mm后停止起吊,并检查起重机的稳定性、制动装置的可靠性、构件的平衡性和绑扎的牢固性等,待确认无误后,方可继续起吊。已吊起的构件不得长久停滞在空中。

A.100～200 mm　　　B.150～250 mm　　　C.200～300 mm　　　D.250～350 mm

28.夹芯外墙板宜采用平模工艺生产,下列顺序正确的是（　　）。

A.安装保温材料和拉结件→外叶墙板混凝土层→内叶墙板混凝土层

B.外叶墙板混凝土层→安装保温材料和拉结件→内叶墙板混凝土层

C.内叶墙板混凝土层→外叶墙板混凝土层→安装保温材料和拉结件

D.外叶墙板混凝土层→内叶墙板混凝土层→安装保温材料和拉结件

29.灌浆施工时,环境温度不应低于（　　）。

A.0 ℃　　　　　　　B.5 ℃　　　　　　　C.7 ℃　　　　　　　D.10 ℃

30.纵向钢筋采用挤压套筒连接时,预制柱底、预制剪力墙底宜设置支腿,支腿应能承受不小于（　　）倍被支承预制构件的自重。

A.2　　　　　　　　B.3　　　　　　　　C.4　　　　　　　　D.5

31.高层装配整体式混凝土结构中,屋面层采用现浇楼盖时,后浇层内应采用（　　）通长钢筋。

A.纵向　　　　　　　B.横向　　　　　　　C.单向　　　　　　　D.双向

32.叠合梁可采用对接连接,梁下部纵向钢筋在后浇段内不宜采用（　　）。

A.机械连接　　　　　B.套筒灌浆连接　　　C.焊接连接　　　　　D.绑扎连接

33.单向叠合板的板侧支座处,当板底分布钢筋不伸入支座时,宜在紧邻预制板顶面的后浇混凝土叠合层中设置附加钢筋,在支座内锚固长度不应小于（　　）且宜伸过支座中心线。

A.5d　　　　　　　　B.10d　　　　　　　C.12d　　　　　　　D.15d

二、多选题

1.预制混凝土构件安装时须采用临时支撑。关于临时支撑下列说法错误的有哪几项（　　）。

A.临时支撑不宜少于1道

B.预制墙板上部斜撑的支撑点距底部的距离不宜小于高度的1/3

C.预制墙板上部斜撑的支撑点距底部的距离不宜小于高度的2/3

D.可通过临时支撑微调构件的位置

E.预制墙板上部斜撑的支撑点距底部的距离不应小于高度的1/2

2.下列关于预制梁安装说法正确的有哪些（　　）。

A.安装顺序宜遵循先主梁后次梁、先高后低的原则

B.安装前,应测量并修正临时支撑标高,确保与梁底标高一致

C.安装前,应复核柱钢筋与梁钢筋的位置、尺寸

D.安装时梁伸入支座的长度与搁置长度应符合设计要求

E.对梁钢筋与柱钢筋位置有冲突的,应按经监理单位确认的技术方案进行调整。

3.下列关于后浇混凝土的施工正确的说法有哪些（　　）。

A.预制构件结合面疏松部分的混凝土应剔除并清理干净

B.混凝土分层浇筑应在底层混凝土终凝前将上一层混凝土浇筑完毕

C.浇筑时应采取保证混凝土或砂浆浇筑密实的措施

D.预制梁、柱混凝土强度等级不同时,预制梁、柱节点区混凝土强度等级应符合设计要求

E.混凝土浇筑布料应均衡

4.下列属于预制墙板施工中,施工准备步骤的是（　　）。

A.清理施工层地面

B.检查墙板构件编号及外观质量

C.现浇混凝土面凿毛处理

D.墙板安装控制定位放线

E.墙板支撑与地面预埋件安装

5.在吊运过程中根据构件在空中的位置,吊装可分为（　　）。

A.斜吊　　　　　　B.平吊　　　　　　C.直吊　　　　　　D.翻转吊

E.以上均不符合题意

6.预制墙构件安装时应符合下列哪些规定（　　）。

A.构件安装前应清洁结合面

B.构件底部应设置可调整接缝厚度和底部标高的垫块

C.钢筋套筒灌浆连接接头灌浆前,应对接缝周围进行封堵

D.多层预制剪力墙底部应采用坐浆,其厚度不宜大于20 mm

E.钢筋套筒灌浆连接接缝周围封堵措施应符合结合面承载力设计要求

7.装配整体式结构中,节点及接缝处的纵向钢筋连接宜根据接头受力、施工工艺等要求,可选用哪些连接方式（　　）。

A.机械连接　　　　B.套筒灌浆连接　　　　C.浆锚搭接连接　　　　D.焊接连接

E.绑扎搭接连接

8.下列关于预制墙板构件安装临时支撑的规定,说法正确的是（　　）。

A.每个预制构件的临时支撑不宜少于2道

B.墙板上的上部斜支撑,其支撑点距离底部的距离不宜小于高度的2/3,且不应小于高度的1/2

C.构件安装就位后,可通过临时支撑对构件的位置和垂直度进行微调

D.临时支撑在完成套筒灌浆施工后即可拆除

E.临时固定措施的拆除应在装配式混凝土剪力墙结构能达到后续施工承载要求后进行

9. 下列关于装配整体式混凝土剪力墙结构混凝土施工,说法正确的是(   )。

A. 浇筑前,应清除模板内杂物

B. 表面干燥的模板上应洒水湿润,现场环境温度高于35 ℃时,宜对金属模板进行洒水降温

C. 混凝土浇筑的布料点宜接近浇筑位置,应采取减少混凝土下料冲击的措施

D. 混凝土浇筑宜先浇筑水平结构构件,后浇筑竖向结构构件

E. 浇筑区域结构平面有高差时,宜先浇筑高区部分,再浇筑低区部分

10. 下列关于混凝土施工时振动棒振捣混凝土的说法正确的是(   )。

A. 应按分层浇筑厚度进行振捣,振动棒的前端应插入前一层混凝土中,插入深度不应小于20 mm

B. 振动棒应垂直于混凝土表面并快插慢拔均匀振捣

C. 当混凝土表面无明显塌陷、有水泥浆出现、不再冒气泡时,应结束该部位振捣

D. 振动棒与模板的距离不应大于振动棒作用半径的60%

E. 振捣插点间距不应大于振动棒的作用半径的1.4倍

三、判断题

1. 预制外墙接缝模板完成后可拆除临时支撑系统。(   )

2. 预制柱安装时的标高控制可在预制柱就位后进行。(   )

3. 预制剪力墙板安装时,与现浇部分连接的墙板宜先行吊装。(   )

4. 在混凝土养护时可采用直接洒水进行养护。(   )

5. 竖向预制构件安装采用临时支撑不宜少于4道。(   )

6. 混凝土振捣时应按分层浇筑厚度分别进行振捣,振动棒的前端应插入前一层混凝土中,插入深度不应小于40 mm。(   )

7. 叠合框架梁的两端箍筋加密区宜采用整体封闭箍筋。(   )

8. 单向叠合板板侧的分离式接缝处紧邻预制板顶面宜设置平行于板缝的附加钢筋。(   )

9. 对于框架中间层端节点,当柱截面尺寸不满足梁纵向受力钢筋的接线锚固要求时,应采用锚固板锚固,不可采用90°弯折锚固。(   )

10. 外挂墙板的侧边不应与主体结构连接。(   )

11. 装配式结构中,预制构件的连接部位宜设置在结构受力较大部位。(   )

12. 预制构件的吊环应采用经冷加工的HPB300级钢筋制作。吊装用内埋式螺母或吊杆的材料应符合国家现行相关标准的规定。(   )

13. 混凝土搅拌时间是指从全部材料装入搅拌筒起,到开始卸料时止的时间段。(   )

14. 快硬硅酸盐水泥出厂超过三个月时,应进行复验,不应按初验结果使用。(   )

15. 混凝土浇筑的布料点宜接近浇筑位置,应采取减少混凝土下料冲击的措施,宜先浇筑水平结构构件,后浇筑竖向结构构件。(   )

16. 装配式剪力墙结构现浇混凝土模板的拆除顺序为:先支后拆,后支先拆,先拆承重模板后拆非承重模板,并应从上而下进行拆除。(   )

17.装配式剪力墙结构中,多层剪力墙结构中墙板水平接缝用坐浆材料的强度等级不应低于被连接构件的混凝土强度等级值。(　　)

18.混凝土浇筑时宜先浇筑强度等级低的混凝土,后浇筑强度等级高的混凝土。(　　)

19.混凝土浇筑宜先浇筑水平结构构件,后浇筑竖向结构构件。(　　)

20.在混凝土浇筑过程中,混凝土坍落度比较低,可加水后继续浇筑。(　　)

21.灌浆料拌合物应采用电动设备搅拌充分、均匀,并宜静置 2min 后使用;搅拌完成后,继续加水。(　　)

四.简单答

1.对临时斜撑系统的支设和拆除有哪些规定和要求?

2.简述预制混凝土墙、柱等竖向受力构件的安装施工工艺顺序。

3.钢筋套筒灌浆连接的灌浆施工工艺有哪些要求?

Chapter 6

项目6 装配式混凝土结构质量控制与验收

工程质量控制是指控制好各建设阶段的工作质量以及施工阶段各工序的质量，从而确保工程实体能满足相关标准、规定和合同约定要求。装配式混凝土结构工程的质量控制需要对项目前期(可行性研究、决策阶段)、设计、施工及验收各个阶段的质量进行控制。另外，由于其组成主体结构的主要构件在工厂内生产，还需要做好构件生产的质量控制。

6.1 概述

6.1.1 工程质量控制的概念

建设工程质量简称工程质量，是指建设工程满足相关标准规定和合同约定要求的程度，包括其在安全、使用功能及其在耐久性能、节能与环境保护等方面所有明示和隐含的固有特性。建设工程质量控制是指在实现工程建设项目目标的过程中，为满足项目总体质量要求而采用的生产施工与监督管理等活动。质量控制不仅关系工程的成败、进度的快慢、投资的多少，而且直接关系国家财产和人民生命安全。因此，装配式混凝土建筑必须严格保证工程质量控制水平，确保工程质量安全。与传统的现浇结构工程相比，装配式混凝土结构工程在质量控制方面具有以下特点。

1. 质量管理工作前置

由于装配式混凝土建筑的主要结构构件在工厂内加工制作，装配式混凝土建筑的质量管理工作从工程现场前置到了预制构件厂。建设单位、构件生产单位、监理单位应根据构件生产质量要求，在预制构件生产阶段即对预制构件生产质量进行控制。

2. 设计更加精细化

对于设计单位而言，为降低工程造价，预制构件的规格、型号需要尽可能的少；由于采用工厂预制、现场拼装以及水电管线等提前预埋，对施工图的精细化要求更高。因此，相对于传统的现浇结构工程，设计质量对装配式混凝土建筑工程的整体质量影响更大。设计人员需要进行更精细的设计，才能保证生产和安装的准确性。

3. 工程质量更易于保证

由于采用精细化设计、工厂化生产和现场机械拼装,构件的观感、尺寸偏差都比现浇结构更易于控制,强度稳定,避免了现浇结构质量通病的出现。因此,装配式混凝土建筑工程的质量更易于控制和保证。

4. 信息化技术应用

随着互联网技术的不断发展,数字化管理宜成为装配式混凝土建筑质量管理的一项重要手段,尤其是 BIM 技术的应用,使质量管理过程更加透明、细致、可追溯。

6.1.2 装配式混凝土结构工程质量控制的依据

质量控制的主体包括建设单位、设计单位、项目管理单位、监理单位、构件生产单位、施工单位,以及其他材料的生产单位等。

质量控制方面的依据主要分为以下几类,不同的单位根据自己的管理职责,根据不同的管理依据进行质量控制。

1. 工程合同文件

建设单位与设计单位签订的设计合同、与施工单位签订的安装施工合同、与生产厂家签订的构件采购合同都是装配式混凝土建筑工程质量控制的重要依据。

2. 工程场地勘察设计文件

工程勘察包括工程测量、工程地质和水文地质勘察等内容。工程勘察成果文件为工程项目选址、工程设计和施工提供科学可靠的依据。工程设计文件包括经过批准的设计图纸、技术说明、图纸会审、工程设计变更以及设计洽商、设计处理意见等。

3. 有关质量管理方面的法律法规、部门规章与规范性文件

(1)法律:《中华人民共和国建筑法》《中华人民共和国合同法》《中华人民共和国招标投标法》《中华人民共和国节约能源法》《中华人民共和国消防法》等。

(2)行政法规:《建设工程质量管理条例》《建设工程安全生产管理条例》《民用建筑节能条例》等。

(3)部门规章:《建筑工程施工许可管理办法》《实施工程建设强制性标准监督规定》等。

(4)规范性文件。

4. 质量标准与技术规范(规程)

近几年装配式混凝土建筑兴起,国家及地方针对装配式混凝土建筑工程制定了大量的标准。这些标准是装配式混凝土建筑质量控制的重要依据。我国质量标准分为国家标准、行业标准、地方标准和企业标准,国家标准的法律效力要高于行业标准、地方标准和企业标准。我国《装配式混凝土建筑技术标准》(GB/T 51231—2016)为国家标准,《装配式混凝土结构技术规程》(JGJ 1—2014)为行业标准。本书以《装配式混凝土建筑技术标准》(GB/T 51231— 2016)为准。

此外,适用于混凝土结构工程的各类标准,同样适用于装配式混凝土建筑工程。

6.1.3 影响装配式混凝土结构工程质量的因素

影响装配式混凝土结构工程质量的因素很多,归纳起来主要有五个方面,即人员素质、工程材料、机械设备、作业方法和环境条件。

1. 人员素质

人是生产经营活动的主体,也是工程项目建设的决策者、管理者、操作者,工程建设的全过程都是由人来完成的。

人的素质将直接或间接决定着工程质量的好坏。装配式混凝土建筑工程由于机械化水有平高、批量生产、安装精度高等特点,对人员的素质尤其是生产加工和现场施工人员的文化水平、技术水平及组织管理能力都有更高的要求。普通的农民工已不能满足装配式混凝土建筑工程的建设需要,因此,培养高素质的产业化工人是确保建筑产业现代化向前发展的必然。

2. 工程材料

工程材料是指构成工程实体的各类建筑材料、构配件、半成品等,是工程建设的物质条件,是工程质量的基础。

装配式混凝土建筑是由预制混凝土构件或部件通过各种可靠的方式连接,并与现场后浇混凝土形成整体的混凝土结构。因此,与传统的现浇结构相比,预制构件、灌浆料及连接套筒的质量是装配式混凝土建筑质量控制的关键。预制构件混凝土强度、钢筋设置、规格尺寸是否符合设计要求、力学性能是否合格、运输保管是否得当、灌浆料和连接套筒的质量是否合格等,都将直接影响工程的使用功能、结构安全、使用安全乃至外表及观感等。

3. 机械设备

装配式混凝土建筑采用的机械设备可分为三类:第一类是指工厂内生产预制构件的工艺设备和各类机具,如各类模具、模台、布料机、蒸养室等,简称生产机具设备;第二类是指施工过程中使用的各类机具设备,包括大型垂直与横向运输设备、各类操作工具、各种施工安全设施,简称施工机具设备;第三类是指生产和施工中都会用到的各类测量仪器和计量器具等,简称测量设备。不论是生产机具设备、施工机具设备,还是测量设备都对装配式混凝土结构工程的质量有着非常重要的影响。

4. 作业方法

作业方法是指施工工艺操作方法、施工方案等。在进行混凝土结构构件加工时,为了保证构件的质量或受客观条件制约需要采用特定的加工工艺,不适合的加工工艺可能会造成构件质量的缺陷、生产成本增加或工期拖延等;现场安装过程中,吊装顺序、吊装方法的选择都会直接影响安装的质量。装配式混凝土结构的构件主要通过节点连接,因此,节点连接部位的施工工艺是装配式结构的核心工艺,对结构安全起决定性影响。采用新技术、新工艺、新方法,不断提高工艺技术水平,是保证工程质量稳定提高的重要因素。

5. 环境条件

环境条件是指对工程质量特性起重要作用的环境因素,包括自然环境,如工程地质、水文、气象等;作业环境,如施工作业面、防护设施、通风照明和通信条件等;工程管理环境,主要是指工程实施的合同环境与管理关系的确定,组织体制及管理制度等;周边环境,如工程邻近的地下管线、建(构)筑物等。环境条件往往对工程质量产生特定的影响。

6.1.4 装配式混凝土结构工程质量控制的阶段组成

从项目阶段性看,工程项目建设可以分解为不同阶段,不同的建设阶段对工程项目质量起着不同的作用和影响。

1. 项目可行性研究阶段

项目可行性研究是在项目建议书和项目策划的基础上,运用经济学原理对投资项目的有关技术、经济、社会、环境及所有方面进行调查研究,对各种可能的拟建方案和建成投产后的经济效益、社会效益和环境效益进行技术经济分析、预测和论证,确定项目建设的可行性,并在可行的情况下,通过多方案比较从中选择出最佳建设方案,作为项目决策和设计的依据。在此过程中,需要确定工程项目的质量要求,并与投资目标相协调。因此,项目的可行性研究直接影响项目的决策质量和设计质量。

2. 项目决策阶段

项目决策阶段是通过项目可行性研究和项目评估,对项目的建设方案做出决策,使项目的建设充分反映业主的意愿,并与地区环境相适应,使得投资、质量、进度三者协调统一。因此,项目决策阶段对工程质量的影响主要是确定工程项目应达到的质量目标和水平。

3. 工程勘察、设计阶段

工程的地质勘察是为建设场地的选择和工程的设计与施工提供地质资料依据。工程设计是根据建设项目总体需求(包括已确定的质量目标和水平)和地质勘察报告,对工程的外形和内在的实体进行筹划、研究、构思、设计和描绘,形成设计说明书和图纸等相关文件,使得质量目标和水平具体化,为施工提供直接依据。

工程设计质量是决定工程质量的关键环节。工程采用什么样的平面布置和空间形式,选用什么样的结构类型,使用什么样的材料、构配件及设备等,都直接关系到工程主体结构是否安全、可靠,关系到建设投资的综合功能是否充分体现规划意图。设计的严密性、合理性也决定了工程建设的成败,是建设工程的安全、适用、经济与环境保护等措施得以实现的保证。在一定程度上,设计的完美性也反映了一个国家的科技水平和文化水平。

4. 预制构件生产阶段

装配式混凝土建筑是由预制混凝土构件通过可靠的连接方式装配而成的混凝土结构。因此,预制构件的生产质量直接关系到整体建筑结构的质量与使用安全。

5. 工程施工阶段

工程施工是指按照设计图纸和相关文件的要求,在建设场地上将设计意图付诸实现的测量、作业、检验,形成工程实体建成最终产品的活动。任何优秀的设计成果,只有通过施工才能变为现实。因此,工程施工活动决定了设计意图能否实现,直接关系到工程的安全可靠、使用功能的保证,以及外表观感能否体现建筑设计的艺术水平。在一定程度上,工程施工是保证实体质量的决定性环节。

6. 工程竣工验收阶段

工程竣工验收就是对工程施工质量通过检查评定、试车运转,考核施工质量是否达到设计的要求;是否符合决策阶段确定的质量目标和水平,并通过验收确保工程项目质量。所以,工程竣工验收对质量的影响是保证最终产品的质量。

工程建设的每个阶段都对工程质量起着重要的作用。因此对装配式混凝土建筑必须进行全过程控制,要把质量控制落实到建设周期的每一个环节。但是,各阶段关于质量问题的重要程度和侧重点不同,应根据各阶段质量控制的特点和重点,确定各阶段质量控制的目标和任务。

6.2 预制构件生产的质量控制与验收 ....

6.2.1 生产制度管理

1. 设计交底与会审

预制构件生产前,应由建设单位组织设计、生产、施工单位进行设计文件交底和会审。当原设计文件深度不够,不足以指导生产时,需要生产单位或专业公司另行制作加工详图。如加工详图与设计文件意图不同时,应经原设计单位认可。加工详图包括:预制构件模具图、配筋图;满足建筑、结构和机电设备等专业要求和构件制作、运输、安装等环节要求的预埋件布置图;面砖或石材的排版图,夹芯保温外墙板内外叶墙拉结件布置图和保温板排版图等。

2. 生产方案

预制构件生产前应编制生产方案,生产方案宜包括生产计划及生产工艺、模具方案及计划技术质量控制措施、成品存放运输和保护方案等。必要时,应对预制构件脱模、吊运、码放、翻转及运输等工况进行计算。预制构件和部品生产中采用新技术、新工艺、新材料、新设备时,生产单位应制订专门的生产方案;必要时进行样品试制,经检验合格后方可实施。

3. 首件验收制度

预制构件生产宜建立首件验收制度。首件验收制度是指结构较复杂的预制构件或新型构件首次生产或间隔较长时间重新生产时,生产单位需会同建设单位、设计单位、施工单位、监理单位共同进行首件验收,重点检查模具、构件、预埋件、混凝土浇筑成型中存在的问题,确认该批预制构件生产工艺是否合理,质量能否得到保障,共同验收合格之后方可批量生产。

4. 原材料检验

预制构件的原材料质量、钢筋加工和连接的力学性能、混凝土强度、构件结构性能、装饰材料、保温材料及拉结件的质量等均应根据国家现行有关标准进行检查和检验,并应具有生产操作规程和质量检验记录。

5. 构件检验

预制构件生产的质量检验应按模具、钢筋、混凝土、预应力、预制构件等检验进行。预制构件的质量评定应根据钢筋、混凝土、预应力、预制构件的试验、检验资料等项目进行。当上述各检验项目的质量均合格时,方可评定为合格产品。检验时对新制或改制后的模具应按件检验。对重复使用的定型模具、钢筋半成品和成品应分批随机抽样检验,对混凝土性能应按批检验。模具、钢筋、混凝土、预制构件制作、预应力施工等质量,均应在生产班组自检、互检和交接检的基础上,由专职检验员进行检验。

6. 构件表面标识

预制构件和部品经检查合格后,宜设置表面标识。预制构件的表面标识宜包括构件编号、制作日期、合格状态、生产单位等信息。

7. 质量证明文件

预制构件和部品出厂时,应出具质量证明文件。目前,有些地方的预制构件生产实行了监理驻厂监造制度,应根据各地方技术发展水平细化预制构件生产全过程监测制度,驻厂监理应在出厂质量证明文件上签字。

6.2.2　预制混凝土构件生产的质量控制

生产过程的质量控制是预制构件质量控制的关键环节,需要做好生产过程各个工序的质量控制、隐蔽工程验收、质量评定和质量缺陷的处理等工作。预制构件生产企业应配备满足工作需求的质量员,质量员应具备相应的工作能力并经检测水平合格。

在预制构件生产之前,应对各工序进行技术交底,上道工序未经检查验收合格,不得进行下道工序。混凝土浇筑前,应对模具组装、钢筋及网片安装、预留及预埋件布置等内容进行检查验收。工序检查由各工序班组自行检查,检查数量为全数检查,应做好相应的检查记录。

1. 模具组装的质量检查

预制构件生产应根据生产工艺、产品类型等制订模具方案,应建立健全模具验收、使用制度。模具应具有足够的强度、刚度和整体稳固性,并应符合下列规定。

(1)模具应装拆方便,并应满足预制构件质量、生产工艺和周转次数等要求。

(2)结构造型复杂、外形有特殊要求的模具,应制作样板,经检验合格后方可批量制作。

(3)模具各部件之间应连接牢固,接缝应紧密,附带的埋件或工装应定位准确,安装牢固。

(4)用作底模的台座、胎模、地坪及铺设的底板等应平整光洁,不得有下沉、裂缝、起砂和起鼓。

(5)模具应保持清洁,涂刷脱模剂、表面缓凝剂时应均匀、无漏刷、无堆积,且不得沾污钢筋,不得影响预制构件外观效果。

(6)应定期检查侧模、预埋件和预留孔洞定位措施的有效性;应采取防止模具变形和锈蚀的措施;重新启用的模具应检验合格后方可使用。

(7)模具与平模台间的螺栓、定位销、磁盒等固定方式应可靠,防止混凝土振捣成型时造成模具偏移和漏浆。

模具组装前,首先需根据构件制作图核对模板的尺才是否满足设计要求,然后对模板几何尺寸进行检查,包括模板与混凝土接触面的平整度、板面弯曲、拼装接缝等,再次对模具的观感进行检查,接触面不应有划痕、锈渍和氧化层脱落等现象。

预制构件模具尺寸允许偏差及检验方法如表 6-1 所示。

表 6-1　预制构件模具尺寸允许偏差及检验方法

项次	检验项目、内容		允许偏差/mm	检 验 方 法
1	长度	≤6 m	1,−2	用尺量平行构件高度方向,取其中偏差绝对值较大处
		>6 m 且≤12 m	2,−4	
		>12m	3,−5	
2	宽度、高（厚）度	墙板	1,−2	用尺测量两端或中部,取其中偏差绝对值较大处
3		其他构件	2,−4	
4	底模表面平整度		2	用 2 m 靠尺和塞尺量
5	对角线差		3	用尺量对角线

续表

项次	检验项目、内容	允许偏差/mm	检 验 方 法
6	侧向弯曲	$L/1500$ 且$\leqslant 5$	拉线,用钢尺量侧向弯曲最大处
7	翘曲	$L/1500$	对角拉线,测量交点间距离值的两倍
8	组装缝隙	1	用塞片或塞尺测量,取最大值
9	端模与侧模高低差	1	用钢尺量

注:L 为模具与混凝土接触面中最长边的尺寸。

构件上的预埋件和预留孔洞宜通过模具进行定位,并安装牢固,其安装偏差应符合表 6-2 的规定。

表 6-2 模具上预埋件、预留孔洞安装允许偏差

项次	检 验 项 目		允许偏差/mm	检 验 方 法
1	预埋钢板、建筑幕墙用槽式预埋组件	中心线位置	3	用尺测量纵横两个方向的中心线位置,取其中较大值
		平面高差	±2	用钢直尺和塞尺检查
2	预埋管、电线盒、电线管水平和垂直方向的中心线位置偏移、预留孔、浆锚搭接预留孔(或波纹管)		2	用尺测量纵横两个方向的中心线位置,取其中较大值
3	插筋	中心线位置	3	用尺测量纵横两个方向的中心线位置,取其中较大值
		外露长度	+10,0	用尺测量
4	吊环	中心线位置	3	用尺测量纵横两个方向的中心线位置,取其中较大值
		外露长度	0,−5	用尺测量
5	预埋螺栓	中心线位置	2	用尺测量纵横两个方向的中心线位置,取其中较大值
		外露长度	+5,0	用尺测量
6	预埋螺母	中心线位置	2	用尺测量纵横两个方向的中心线位置,取其中较大值
		平面高差	±1	用钢直尺和塞尺检查
7	预留洞	中心线位置	3	用尺测量纵横两个方向的中心线位置,取其中较大值
		尺寸	+3,0	用尺测量纵横两个方向的尺寸,取其中较大值
8	灌浆套筒及连接钢筋	灌浆套筒中心线位置	1	用尺测量纵横两个方向的中心线位置,取其中较大值
		连接钢筋中心线位置	1	用尺测量纵横两个方向的中心线位置,取其中较大值
		连接钢筋外露长度	+5,0	用尺测量

预制构件中预埋门窗框时,应在模具上设置限位装置进行固定,并应逐件检验。门窗框安装偏差和检验方法应符合表 6-3 的规定。

表 6-3   门窗框安装允许偏差和检验方法

项	目	允许偏差/mm	检 验 方 法
锚固脚片	中心线位置	5	钢尺检查
	外露长度	+5,0	钢尺检查
门窗框位置		2	钢尺检查
门窗框高、宽		±2	钢尺检查
门窗框对角线		±2	钢尺检查
门窗框的平整度		2	靠尺检查

2. 钢筋成品、钢筋桁架的质量检查

钢筋宜采用自动化机械设备加工。使用自动化机械设备进行钢筋加工与制作,可减少钢筋损耗且有利于质量控制,有条件时应尽量采用。

钢筋连接除应符合现行国家标准《混凝土结构工程施工规范》(GB 50666—2011)的有关规定外,还应符合下列规定。

(1)钢筋接头的方式、位置、同一截面受力钢筋的接头百分率、钢筋的搭接长度及锚固长度等应符合设计要求或国家现行有关标准的规定。

(2)钢筋焊接接头、机械连接接头和套筒灌浆连接接头均应进行工艺检验,试验结果合格后方可进行预制构件生产。

(3)螺纹接头和半套筒灌浆连接接头应使用专用扭力扳手拧紧至规定扭力值。

(4)钢筋焊接接头和机械连接接头应全数检查外观质量。

(5)焊接接头、钢筋机械连接接头、钢筋套筒灌浆连接接头力学性能应符合现行相关标准的规定。

钢筋半成品、钢筋网片、钢筋骨架和钢筋桁架应检查合格后方可进行安装,并应符合下列规定。

(1)钢筋表面不得有油污,不应严重锈蚀。

(2)钢筋网片和钢筋骨架宜采用专用吊架进行吊运。

(3)混凝土保护层厚度应满足设计要求。保护层垫块宜与钢筋骨架或网片绑扎牢固,按梅花状布置,间距满足钢筋限位及控制变形要求,钢筋绑扎丝甩扣应弯向构件内侧。

钢筋成品的尺寸偏差应符合表 6-4 的规定,钢筋桁架的尺寸偏差应符合表 6-5 的规定。预埋件加工偏差应符合表 6-6 的规定。

表 6-4   钢筋成品的允许偏差和检验方法

项	目	允许偏差/mm	检 验 方 法
钢筋网片	长、宽	±5	钢尺检查
	网眼尺寸	±10	钢尺量连续三档,取最大值
	对角线	5	钢尺检查
	端头不齐	5	钢尺检查

续表

项 目		允许偏差/mm	检 验 方 法
钢筋骨架	长	0,-5	钢尺检查
	宽	±5	钢尺检查
	高(厚)	±5	钢尺检查
	主筋间距	±10	钢尺量两端、中间各一点,取最大值
	主筋排距	±5	钢尺量两端、中间各一点,取最大值
	箍筋间距	±10	钢尺量连续三档,取最大值
	弯起点位置	15	钢尺检查
	端头不齐	5	钢尺检查
	保护层 柱、梁	±5	钢尺检查
	板、墙	±3	钢尺检查

表 6-5　钢筋桁架尺寸允许偏差

项 次	检 验 项 目	允许偏差/mm
1	长度	总长度的±0.3%
2	高度	+1,-3
3	宽度	±5
4	扭翘	≤5

表 6-6　预埋件加工允许偏差

项 次	检 验 项 目		允许偏差/mm	检 验 方 法
1	预埋件锚板的边长		0,-5	用钢尺测量
2	预埋件锚板的平整度		1	用直尺和塞尺测量
3	锚筋	长度	10,-5	用钢尺测量
		间距偏差	±10	用钢尺测量

3.隐蔽工程验收

在混凝土浇筑之前,应对每块预制构件进行隐蔽工程验收,确保其符合设计要求和规范规定。企业的质检员和质量负责人负责隐蔽工程验收,验收内容包括原材料抽样检验和钢筋、模具、预埋件、保温板及外装饰面等工序安装质量的检验。原材料的抽样检验按照前述要求进行,钢筋、模具、预埋件、保温板及外装饰面等各安装工序的质量检验按照前述要求进行。

隐蔽工程验收的范围为全数检查,验收完成应形成相应的隐蔽工程验收记录,并保留存档。

6.2.3　预制混凝土构件质量的验收

预制构件脱模后,应对其外观质量和尺寸进行检查验收。外观质量不宜有一般缺陷,不应有严重缺陷。对于已经出现的一般缺陷,应进行修补处理,并重新检查验收;对于已经出现的严重缺陷,修补方案应经设计、监理单位认可之后进行修补处理,并重新检查验收。预制构件叠合面的粗糙度和凹凸深度应符合设计及规范要求。外观质量、尺寸偏差的验收要求及检验方法见表6-7~表6-11。

表 6-7 构件外观质量缺陷分类

名　称	现　象	严重缺陷	一般缺陷
露筋	构件内钢筋未被混凝土包裹而外露	纵向受力钢筋有露	其他钢筋有少量露筋
蜂窝	混凝土表面缺少水泥砂浆面而形成石子外露	构件主要受力部位有蜂窝	其他部位有少量蜂窝
孔洞	混凝土中孔穴深度和长度均超过保护层厚度	构件主要受力部位有孔洞	其他部位有少量孔洞
夹渣	混凝土中夹有杂物且深度超过保护层厚度	构件主要受力部位有夹渣	其他部位有少量夹渣
疏松	混凝土中局部不密实	构件主要受力部位有疏松	其他部位有少量疏松
裂缝	缝隙从混凝土表面延伸至混凝土内部	构件主要受力部位有影响结构性能或使用功能的裂缝	其他部位有少量影响结构性能或使用功能的裂缝
连接部位缺陷	构件连接处混凝土缺陷及连接钢筋、连接件松动,插筋严重锈蚀、弯曲,灌浆套筒堵塞、偏位,灌浆孔洞堵塞、偏位、破损等缺陷	连接部位有影响结构传力性能的缺陷	连接部位有基本不影响结构传力性能的缺陷
外形缺陷	缺棱掉角、棱角不直、翘曲不平、废除凸肋等,装饰面砖黏结不牢、表面不平、砖缝不顺直等	清水或具有装饰的混凝土构件内有影响使用功能或装饰效果的外形缺陷	其他混凝土构件有不影响使用功能的外形缺陷
外表缺陷	构件表面麻面、掉皮、起砂、沾污等	具有重要装饰效果的清水混凝土构件有外表缺陷	其他混凝土构件有不影响使用功能的外表缺陷

173

表 6-8 预制楼板类构件外形尺寸允许偏差及检验方法

项次	检查项目		允许偏差/mm	检验方法
1	规格尺寸	长度 ＜12 m	±5	用尺量两端及中间部位,取其中偏差绝对值较大值
		≥12 m 且＜18 m	±20	
		≥18 m	±10	
2		宽度	±5	用尺量两端及中间部位,取其中偏差绝对值较大值
3		厚度	±5	用尺量四角和四边中部位置共8处,取其中偏差绝对值较大值
4	外形	对角线差	6	在构件表面,用尺测量两对角线的长度,取其绝对值的差值
5		表面平整度 内表面	4	用2 m靠尺安放在构件表面上,用楔形塞尺测量靠尺与表面之间的最大缝隙
		外表面	3	
6		楼板侧向弯曲	$L/750$ 且≤20 mm	拉线、钢尺量最大弯曲处
7		扭翘	$L/750$	四对角拉两条线,测量两线交点之间的距离,其值的2倍为扭翘值

项次	检查项目			允许偏差/mm	检验方法
8	预埋部件	预埋钢板	中心线位置偏差	5	用尺量纵横两个方向的中心线位置,取其中较大值
			平面高差	0,−5	用尺紧靠在预埋件上,用楔形塞尺测量预埋件平面与混凝土面的最大缝隙
9		预埋螺栓	中心线位置偏差	2	用尺量纵横两个方向的中心线位置,取其中较大值
			外露长度	10,−5	用尺量
10		预埋线盒、电盒	在构件平面的水平方向中心位置偏差	10	用尺量
			与构件表面混凝土偏差	0,−5	用尺量
11	预留孔		中心线位置偏差	5	用尺量纵横两个方向的中心线位置,取其中较大值
			孔尺寸	±5	用尺量纵横两个方向尺寸,取其中较大值
12	预留洞		中心线位置偏差	5	用尺量纵横两个方向的中心线位置,取其中较大值
			洞口尺寸、深度	±5	用尺量纵横两个方向尺寸,取其中较大值
13	预留插筋		中心线位置偏差	5	用尺量纵横两个方向的中心线位置,取其中较大值
			外露长度	±5	用尺量
14	吊环、木砖		中心线位置偏差	10	用尺量纵横两个方向的中心线位置,取其中较大值
			留出高度	0,−10	用尺量
15	桁架钢筋高度			+5,0	用尺量

表 6-9 预制墙板类构件外形尺寸允许偏差及检验方法

项次	检查项目		允许偏差/mm	检验方法
1	规格尺寸	高度	±4	用尺量两端及中间部位,取其中偏差绝对值较大值
2		宽度	±4	用尺量两端及中间部位,取其中偏差绝对值较大值
3		厚度	±3	用尺量四角和四边中部位置共8处,取其中偏差绝对值较大值
4	对角线差		5	在构件表面,用尺测量两对角线的长度,取其绝对值的差值

174

项次	检 查 项 目			允许偏差/mm	检 验 方 法
5	外形	表面平整度	内表面	4	用 2 m 靠尺安放在构件表面上,用楔形塞尺测量靠尺与表面之间的最大缝隙
			外表面	3	
6		侧向弯曲		L/1000 且 ≤20 mm	拉线,用钢尺量最大弯曲处
7		扭翘		L/1 000	四对角拉两条线,测量两线交点之间的距离,其值的 2 倍为扭翘值
8	预埋部件	预埋钢板	中心线位置偏差	5	用尺量纵横两个方向的中心线位置,取其中较大值
			平面高差	0, −5	用尺紧靠在预埋件上,用楔形塞尺测量预埋件平面与混凝土面的最大缝隙
9		预埋螺栓	中心线位置偏差	2	用尺量纵横两个方向的中心线位置,取其中较大值
			外露长度	+10, −5	用尺量
10		预埋套筒、螺母	中心线位置偏差	2	用尺量纵横两个方向的中心线位置,取其中较大值
			平面高差	0, −5	用尺紧靠在预埋件上,用楔形塞尺测量预埋件平面与混凝土面的最大缝隙
11	预留孔	中心线位置偏差		5	用尺量纵横两个方向的中心线位置,取其中较大值
		孔尺寸		±5	用尺量纵横两个方向尺寸,取其较大值
12	预留洞	中心线位置偏差		5	用尺量纵横两个方向的中心线位置,取其中较大值
		洞口尺寸、深度		±5	用尺量纵横两个方向尺寸,取其较大值
13	预留插筋	中心线位置偏差		3	用尺量纵横两个方向的中心线位置,取其中较大值
		外露长度		±5	用尺量
14	吊环、木砖	中心线位置偏差		10	用尺量纵横两个方向的中心线位置,取其中较大值
		与构件表面混凝土的高差		0, −10	用尺量
15	键槽	中心线位置偏差		5	用尺量纵横两个方向的中心线位置,取其中较大值
		长度、宽度		±5	用尺量
		深度		±5	用尺量
16	灌浆套筒及连接钢筋	灌浆套筒中心线位置		2	用尺量纵横两个方向的中心线位置,取其中较大值
		连接钢筋中心线位置		2	用尺量纵横两个方向的中心线位置,取其中较大值
		连接钢筋外露长度		+10, 0	用尺量

175

表 6-10　预制梁柱桁架类构件外形尺寸允许偏差及检验方法

项次	检查项目			允许偏差/mm	检验方法
1	规格尺寸	长度	＜12 m	±5	用尺量两端及中间部位,取其中偏差绝对值较大值
			≥12 m 且＜18 m	±10	
			≥18 m	±20	
2		宽度		±5	用尺量两端及中间部位,取其中偏差绝对值较大值
3		厚度		±5	用尺量四角和四边中部位置共 8 处,取其中偏差绝对值较大值
4	表面平整度			4	用 2 m 靠尺安放在构件表面上,用楔形塞尺测量靠尺与表面之间的最大缝隙
5	侧向弯曲	梁柱		L/750 且 ≤20 mm	拉线,用钢尺量最大弯曲处
		桁架		L/1000 且 ≤20 mm	
6	预埋部件	预埋钢板	中心线位置偏差	5	用尺量纵横两个方向的中心线位置,取其中较大值
			平面高差	0,−5	用尺紧靠在预埋件上,用楔形塞尺测量预埋件平面与混凝土面的最大缝隙
7		预埋螺栓	中心线位置偏差	2	用尺量纵横两个方向的中心线位置,取其中较大值
			外露长度	+10,−5	用尺量
8	预留孔	中心线位置偏差		5	用尺量纵横两个方向的中心线位置,取其中较大值
		孔尺寸		±5	用尺量纵横两个方向尺寸,取其较大值
9	预留洞	中心线位置偏差		3	用尺量纵横两个方向的中心线位置,取其中较大值
		洞口尺寸、深度		±5	用尺量
10	预留插筋	中心线位置偏差		3	用尺量纵横两个方向的中心线位置,取其中较大值
		外露长度		±5	用尺量
11	吊环	中心线位置偏差		10	用尺量纵横两个方向的中心线位置,取其中较大值
		留出高度		0,−10	用尺量
12	键槽	中心线位置偏差		5	用尺量纵横两个方向的中心线位置,取其中较大值
		长度、宽度		±5	用尺量
		深度		±5	用尺量
13	灌浆套筒及连接钢筋	灌浆套筒中心线位置		2	用尺量纵横两个方向的中心线位置,取其中较大值
		连接钢筋中心线位置		2	用尺量纵横两个方向的中心线位置,取其中较大值
		连接钢筋外露长度		+10,0	用尺量

表 6-11　装饰构件外观尺寸允许偏差及检验方法

项　次	装 饰 种 类	检 查 项 目	允许偏差/mm	检 验 方 法
1	通用	表面平整度	2	用 2 m 靠尺或塞尺检查
2	面砖、石材	阳角方正	2	用托线板检查
3		上口平直	2	拉通线用钢尺检查
4		接缝平直	2	用钢尺或塞尺检查
5		接缝深度	±5	用钢尺或塞尺检查
6		接缝宽度	±2	用钢尺检查

6.2.4　预制构件成品的出厂质量检验

预制混凝土构件成品出厂质量检验是预制混凝土构件质量控制过程中最后的环节,也是关键环节。预制混凝土构件出厂前应对其成品质量进行检查验收,合格后方可出厂。

1. 预制构件资料

预制构件的资料应与产品生产同步形成、收集和整理,归档资料宜包括以下内容。

(1) 预制混凝土构件加工合同。

(2) 预制混凝土构件加工图纸,设计文件,设计洽商、变更或交底文件。

(3) 生产方案和质量计划等文件。

(4) 原材料质量证明文件、复试试验记录和试验报告。

(5) 混凝土试配资料。

(6) 混凝土配合比通知单。

(7) 混凝土开盘鉴定。

(8) 混凝土强度报告。

(9) 钢筋检验资料、钢筋接头的试验报告。

(10) 模具检验资料。

(11) 预应力施工记录。

(12) 混凝土浇筑记录。

(13) 混凝土养护记录。

(14) 构件检验记录。

(15) 构件性能检测报告。

(16) 构件出厂合格证。

(17) 质量事故分析和处理资料。

(18) 其他与预制混凝土构件生产和质量有关的重要文件资料。

2. 质量证明文件

预制构件交付的产品质量证明文件应包括以下内容。

(1) 出厂合格证。

(2) 混凝土强度检验报告。

(3) 钢筋套筒等其他构件钢筋连接类型的工艺检验报告。

（4）合同要求的其他质量证明文件。

6.3 装配式混凝土结构施工的质量控制与验收 ········

6.3.1 预制构件的进场验收

1.验收程序

预制构件运至现场后,施工单位应组织构件生产企业、监理单位对预制构件的质量进行验收,验收内容包括质量证明文件验收和构件外观质量、结构性能检验等。未经进场验收或进场验收不合格的预制构件,严禁使用。施工单位应对构件进行全数验收,监理单位对构件质量进行抽检,发现存在影响结构质量或吊装安全的缺陷时,不得验收通过。

2.验收内容

1）质量证明文件

预制构件进场时,施工单位应要求构件生产企业提供构件的产品合格证、说明书、试验报告、隐蔽验收记录等质量证明文件。对质量证明文件的有效性进行检查,并根据质量证明文件核对构件。

2）观感验收

在质量证明文件齐全有效的情况下,对构件的外观质量、外形尺寸等进行验收。观感质量可通过观察和简单的测试确定,工程的观感质量应由验收人员通过现场检查并应共同确认,对影响观感及使用功能或质量评价为差的项目应进行返修。观感验收也应符合相应的标准。观感验收主要检查以下内容。

（1）预制构件粗糙面质量和键槽数量是否符合设计要求。

（2）预制构件吊装预留吊环、预留焊接埋件应安装牢固无松动。

（3）预制构件的外观质量不应有严重缺陷,对已经出现的严重缺陷,应按技术处理方案进行处理,并重新检查验收。

（4）预制构件的预埋件、插筋及预留孔洞等规格、位置和数量应符合设计要求。对存在的影响安装及施工功能的缺陷,应按技术处理方案进行处理,并重新检查验收。

（5）预制构件的尺寸应符合设计要求,且不应有影响结构功能和安装、使用功能的尺寸偏差。对超过尺寸允许偏差且影响结构性能和安装、使用功能的部位,应按技术处理方案进行处理,并重新检查验收。

（6）构件明显部位是否贴有标识构件型号、生产日期和质量验收合格的标志。

3）结构性能检验

在必要的情况下,应按要求对构件进行结构性能检验,具体要求如下。

（1）梁板类简支受弯构件预制构件进场时应进行结构性能检验,并应符合下列规定。

①结构性能检验应符合现行国家相关标准的有关规定及设计要求,检验要求和试验方法应符合《混凝土结构工程施工质量验收规范》的规定。

②钢筋混凝土构件和允许出现裂缝的预应力混凝土构件应进行承载力、挠度和裂缝宽度检验。

③对大型构件及有可靠应用经验的构件,可只进行裂缝宽度、抗裂和挠度检验。

④对使用数量较少的构件,当能提供可靠依据时,可不进行结构性能检验。

（2）对其他预制构件,如叠合板、叠合梁的梁板类受弯预制构件（叠合底板、底梁),除设计有专门要求外,进场时可不做结构性能检验,但应采取下列措施。

①施工单位或监理单位代表应驻厂,监督制作过程。

②当无驻厂监督时,预制构件进场时应对预制构件主要受力钢筋数量、规格、间距及混凝土强度等进行实体检验。

6.3.2　预制构件安装施工过程的质量控制

预制构件安装是将预制构件按照设计图纸要求,通过节点之间的可靠连接,并与现场后浇混凝土形成整体混凝土结构的过程。预制构件安装的质量对整体结构的安全和质量起着至关重要的作用。因此,应对装配式混凝土结构施工作业过程实施全面和有效的管理与控制,保证工程质量。

装配式混凝土结构安装施工质量控制主要从施工前的准备、原材料的质量检验与施工试验、施工过程中的工序检验、隐蔽工程验收、结构实体检验等多个方面进行。对装配式混凝土结构工程的质量验收有以下要求。

①工程质量验收均应在施工单位自检合格的基础上进行。

②参加工程施工质量验收的各方人员应具备相应的资格。

③检验批的质量应按主控项目和一般项目验收。

④对涉及结构安全、节能、环境保护和主要使用功能的试块、构配件及材料,应在进场时或施工中按规定进行见证检验。

⑤隐蔽工程在隐蔽前应由施工单位通知监理单位验收,并应形成验收文件,验收合格后方可继续施工。

⑥工程的观感质量应由验收人员现场检查,并应共同确认。

1.施工前的准备

装配式混凝土结构施工前,施工单位应准确理解设计图纸的要求,掌握有关技术要求及细部构造,根据工程特点和有关规定,进行结构施工复核及验算,编制装配式混凝土专项施工方案,并进行施工技术交底。

装配式混凝土结构施工前,应由相关单位完成深化设计,并经原设计单位确认。施工单位应根据深化设计图纸对预制构件施工预留和预埋进行检查。

施工现场应具有健全的质量管理体系、相应的施工技术标准、施工质量检验制度和综合施工质量控制考核制度。

应根据装配式混凝土结构工程的管理和施工技术特点,对管理人员及作业人员进行专项培训,严禁未培训上岗及培训不合格上岗。

应根据装配式混凝土结构工程的施工要求,合理选择并配备吊装设备;应根据预制构件存放、安装和连接等要求,确定安装使用的工器具方案。

设备管线、电线、设备机器及建设材料、板类、楼板材料、砂浆、厨房配件等装修材料的水平和垂直起重,应按经修改编制并批准的施工组织设计文件（专项施工方案）具体要求执行。

2.施工过程中的工序检验

对于装配式混凝土建筑,施工过程中主要涉及预制构件安装、后浇区模板与支撑、钢筋、混凝土等分项工程。其中,模板与支撑、钢筋、混凝土的工序检验可参见现浇结构的检验方法。本节重点讲述预制构件安装的工序检验。

(1)对于工厂生产的预制构件,进场时应检查其质量证明文件和表面标识。预制构件的质量、标识应符合设计要求及现行国家相关标准的规定。

(2)预制构件安装就位后,连接钢筋、套筒或浆锚的主要传力部位,不应出现影响结构性能和构件安装施工的尺寸偏差。对已经出现的影响结构构性能的尺寸偏差,应由施工单位提出技术处理方案,并经监理(建设)单位许可后处理。对经过处理的部位,应重新检查验收。

(3)预制构件安装完成后,外观质量不应有影响结构性能的缺陷。对已经出现的影响结构性能的缺陷,应由施工单位提出技术处理方案,并经监理(建设)单位认可后处理,对经过处理的部位,应重新检查验收。

(4)预制构件与主体结构之间、预制构件与预制构件之间的钢筋接头应符合设计要求。施工前应对接头施工进行工艺检验。

(5)灌浆套筒进场时,应抽取试件检验外观质量和尺寸偏差,并应抽取套筒采用与之匹配的灌浆料制作对中连接接头,并做抗拉强度检验,检验结果应符合现行行业标准《钢筋机械连接技术规程》中Ⅰ级接头对抗拉强度的要求。接头的抗拉强度不应小于连接钢筋抗拉强度标准值,且破坏时应断于接头外钢筋。此外,还应制作不少于1组40 mm×40 mm×160 mm灌浆料强度试件。

(6)灌浆料进场时,应对其拌合物30 min流动度、泌水率及1d抗压强度、28 d抗压强度、3 h膨胀率进行检验,检验结果应符合规范和设计的有关规定。

(7)施工现场灌浆施工中,灌浆料的28d抗压强度应符合设计要求,用于检验强度的试件应在灌浆地点制作。

(8)后浇连接部分的钢筋品种、级别、规格、数量和间距应符合设计要求。

(9)预制构件外墙板与构件、配件的连接应牢固、可靠。

(10)连接节点的防腐、防锈、防火和防水构造措施应满足设计要求。

(11)承受内力的接头和拼缝,当其混凝土强度未达到设计要求时,不得吊装上一层结构构件。当设计无具体要求时,应在混凝土强度不少于10 MPa或具有足够的支撑时,方可吊装上一层结构构件。

(12)已安装完毕的装配式混凝土结构,应在混凝土强度达到设计要求后,方可承受全部荷载。

(13)装配式混凝土结构预制构件连接接缝处防水材料应符合设计要求,并具有合格证、厂家检测报告及进厂复试报告。

(14)装配式混凝土结构钢筋套筒连接或浆锚搭接连接灌浆应饱满,所有出浆口均应出浆。

(15)装配式混凝土结构安装完毕后,预制构件安装尺寸允许偏差应符合表6-12的要求。

表6-12　预制构件安装尺寸的允许偏差及检验方法

项　　目		允许偏差/mm	检验方法
构件中心线 对轴线位置	基础	15	用经纬仪及尺测量
	竖向构件(柱、墙、桁架)	8	
	水平构架(梁、板)	5	
构件标高	梁、柱、墙、板底面或顶面	±5	用水准仪或拉线、尺测量

项　目		允许偏差/mm	检验方法
构件垂直度	柱、墙　≤6 m	5	用经纬仪或吊线、尺测量
	柱、墙　>6m	10	
构件倾斜度	梁、桁架	5	用经纬仪或吊线、尺测量
相邻构件平整度	板端面	5	用2 m靠尺和塞尺测量
	梁、板底面　外露	3	
	梁、板底面　不外露	5	
	柱墙侧面　外露	5	
	柱墙侧面　不外露	8	
构件搁置长度	梁、板	±10	用尺测量
支座、支垫中心位置	板、梁、柱、墙、桁架	10	用尺测量
墙板接缝	宽度	±5	用尺测量

（16）装配式混凝土结构预制构件的防水节点构造做法应符合设计要求。

（17）建筑节能工程进场材料和设备的复验报告、项目复试要求，应按有关规范规定执行。

3. 隐蔽工程验收

装配式混凝土结构工程应在安装施工及浇筑混凝土前完成下列隐蔽项目的现场检验。

（1）预制构件与预制构件之间、预制构件与主体结构之间的连接应符合设计要求。

（2）预制构件与后浇混凝土结构连接处混凝土粗糙面的质量或键槽的数量、位置。

（3）后浇混凝土中钢筋的牌号、规格、数量、位置。

（4）钢筋连接方式、接头位置、接头数量、接头面积百分率、搭接长度、锚固方式、锚固长度。

（5）结构预埋件、螺栓连接、预留专业管线的数量与位置。构件安装完成后，在对预制混凝土构件拼缝进行封闭处理前，应对接缝处的防水、防火等构造做法进行现场验收。

4. 结构实体检验

根据现行国家标准《建筑工程施工质量验收统一标准》的规定，在混凝土结构子分部工程验收前应进行结构实体检验。对结构实体进行检验，并不是在子分部工程验收前的重新检验，而是在相应分项工程验收合格的基础上，对涉及结构安全的重要部位进行的验证检验，其目的是强化混凝土结构的施工质量验收，真实地反映结构混凝土强度、受力钢筋位置、结构位置与尺寸等质量指标，确保结构安全。

对于装配式混凝土结构工程，对涉及混凝土结构安全的有代表性的连接部位及进场的混凝土预制构件应做结构实体检验。

结构实体检验分现浇和预制两部分，包括混凝土强度、钢筋直径、间距、混凝土保护层厚度以及结构位置与尺寸偏差等方面的检验。当工程合同有约定时，可根据合同确定其他检验项目和相应的检验方法、检验数量、合格条件。

结构实体检验应由监理工程师组织并见证，混凝土强度、钢筋保护层厚度应由具有相应资质的检测机构完成，结构位置与尺寸偏差可由专业检测机构完成，也可由监理单位组织施工单位完成。为保证结构实体检验的可行性、代表性,施工单位应编制结构实体检验专项方案,并经监理单位审核批准后实施。结构实体混凝土同条件养护试件强度检验的方案应在施工前编制,其他检验方案应在检验前编制。

装配式混凝土结构位置与尺寸偏差检验同现浇混凝土结构,混凝土强度、钢筋保护层厚度检验可按下列规定执行。

(1) 连接预制构件的后浇混凝土结构同现浇混凝土结构。

(2) 进场时,不进行结构性能检验的预制构件部位同现浇混凝土结构。

(3) 进场时,按批次进行结构性能检验的预制构件部分可不进行。

混凝土强度检验宜采用同条件养护试块或钻取芯样的方法,也可采用非破损方法检测。

当混凝土强度及钢筋直径、间距、混凝土保护层厚度不满足设计要求时,应委托具有资质的检测机构,按现行国家有关标准的规定做检测鉴定。

6.3.3 装配式混凝土结构子分部工程的验收

装配式混凝土建筑项目应按混凝土建筑项目子分部工程进行验收。

1. 验收应具备的条件

装配式混凝土结构子分部工程施工质量验收应符合下列规定。

(1) 预制混凝土构件安装及其他有关分项工程施工质量验收合格。

(2) 质量控制资料完整、符合要求。

(3) 观感质量验收合格。

(4) 结构实体验收满足设计或标准要求。

2. 验收程序

混凝土分部工程验收应由总监理工程师组织施工单位项目负责人和项目技术、质量负责人进行验收。

当主体结构验收时,设计单位项目负责人、施工单位技术和质量部门负责人应参加。鉴于装配式混凝土建筑工程刚刚兴起,各地区对验收程序提出更严格的要求,要求建设单位组织设计、施工、监理和预制构件生产企业共同验收并形成验收意见,对规范中未包括的验收内容,应组织专家论证验收。

3. 验收时应提交的资料

装配式混凝土结构工程验收时应提交以下资料。

(1) 施工图设计文件。

(2) 工程设计单位确认的预制构件深化设计图,设计变更文件。

(3) 装配式混凝土结构工程所用各种材料、连接件及预制混凝土构件的产品合格证书、性能测试报告、进场验收记录和复试报告。

(4) 装配式混凝土工程专项施工方案。

(5) 预制构件安装施工验收记录。

(6) 钢筋套筒灌浆或钢筋浆锚搭接连接的施工检验记录。

(7) 隐蔽工程检查验收文件。

(8) 后浇筑节点的混凝土、灌浆料、坐浆材料强度检测报告。

(9) 外墙淋水试验、喷水试验记录,卫生间等有防水要求的房间蓄水试验记录。

（10）分项工程验收记录。

（11）装配式混凝土结构实体检验记录。

（12）工程的重大质量问题的处理方案和验收记录。

（13）其他质量保证资料。

4. 不合格处理

当装配式混凝土结构子分部工程施工质量不符合要求时，应按下列规定进行处理。

（1）经返工、返修或更换构件、部件的检验批，应重新进行验收。

（2）经有资质的检测机构检测鉴定能够达到设计要求的检验批，应予以验收。

（3）经有资质的检测机构检测鉴定达不到设计要求，但经原设计单位核算并认可能够满足结构安全和使用功能的检验批，可予以验收。

（4）经返修或加固处理能够满足结构安全使用功能要求的分项工程，可按技术处理方案和协商文件的要求予以验收。

课后练习

一、单选题

1. 下列工具用于检查预制构件表面平整度的是（　　）。

A. 卷尺和塞尺　　　　B. 卷尺和靠尺　　　　C. 靠尺和塞尺　　　　D. 卷尺和拉线

2. 由热轧钢筋组成的成型钢筋，当有施工单位或（　　）单位的代表驻厂监督加工过程并能提供原材料力学性能检验报告时，可仅进行重量偏差检验。

A. 建设　　　　　　　B. 检验　　　　　　　C. 设计　　　　　　　D. 监理

3. 下列哪项工具不能进行垂直度检查？（　　）

A. 经纬仪　　　　　　B. 靠尺　　　　　　　C. 吊线　　　　　　　D. 水准仪

4. 对大型构件及有可靠应用经验的构件，可不进行哪项检验。（　　）

A. 承载力　　　　　　B. 挠度　　　　　　　C. 裂缝宽度　　　　　D. 抗裂

5. 为了确保预制构件质量，构件生产要处于严密的质量管理和控制之下，下列选项中不属于对质量检测的要求的是（　　）。

A. 质量检验工作应制定明确的管理要求

B. 产生的误差超过规定的要求又不是偏差太大时，可以算作合格

C. 质量检测贯穿了整个生产和吊装以及运输阶段

D. 对质检人员进行技术交底，规定检验的人员和职责

6. 钢筋成品检查数量以同一班组同一类型为一检验批，在逐件检验的基础上，随机抽检（　　）。

A. 50%　　　　　　　B. 60%　　　　　　　C. 55%　　　　　　　D. 70%

7. 钢筋进场时，应按国家现行有关标准的规定抽取试件进行检验，下列哪项不属于规定内的检验项目？（　　）

A. 屈服强度、抗拉强度　　　　　　　　B. 伸长率、弯曲性能；

C. 屈服强度、重量偏差　　　　　　　　D. 化学成分、型式检验

8. 某一装配整体式剪力墙结构，层高 3.3 m，结构标高为 3.27 m，在安装此层剪力墙时，其垂直度允许偏差为(   )mm。

A. 5   B. ±5   C. 10   D. ±10

二、多选题

1. 成型钢筋进场时，应抽取试件进行哪些检验？(   )

A. 屈服强度   B. 冷弯性能   C. 抗拉强度   D. 伸长率

E. 冲击韧性

2. 钢筋进场时，应全数检查外观质量，并应按国家现行有关标准的规定抽取试件做哪些检验？(   )

A. 屈服强度   B. 抗拉强度   C. 伸长率   D. 化学成分

E. 重量偏差

3. 下列预制构件进场时需进行全数检查的是(   )。

A. 质量证明文件   B. 预制件上的预埋件

C. 预制件粗糙面及键槽   D. 预制件表面饰面的黏结性能

E. 预制件外观质量

4. 下列外围护部品检测项目中哪些是在实验室中进行性能试验和测试的？(   )

A. 连接件材料性能   B. 抗风压性能

C. 耐火极限   D. 锚栓抗拔强度

E. 耐撞击性能

5. 预制构件交付的产品质量证明文件不包括以下哪些文件？(   )

A. 出场合格证

B. 质量事故分析和处理资料

C. 混凝土强度检测报告

D. 钢筋套筒等其他构件钢筋连接类型的工艺检验报告

E. 生产方案和质量计划等文件

6. 梁板类简支受弯预制构件进场时应进行结构性能检验，下列说法正确的是(   )。

A. 结构性能检验应符合国家现行相关标准的有关规定及设计要求

B. 钢筋混凝土预制构件和允许出现裂缝的预应力混凝土构件应进行承载力、挠度和裂缝宽度检验；不允许出现裂缝的预应力混凝土构件应进行承载力、挠度和抗裂检验

C. 对大型构件及有可靠应用经验的构件，可只进行裂缝宽度、抗裂和挠度检验

D. 对使用数量较少的构件，当能提供可靠依据时，可不进行结构性能检验

E. 对使用数量较少的构件，也必须进行结构性能检验

三、判断题

1. 相比于现浇的楼梯，预制楼梯的表面更为平整光滑，安装完成后可以直接用于后期的竣工验收，不需要再做处理，所以预制楼梯在竣工验收前需要加以保护。(   )

2. 钢筋连接中钢筋焊接接头和机械连接接头应抽取部分检查其外观质量。(   )

3. 钢筋进场时，可抽取部分检查其外观质量，并按国家现行有关标准抽取试件进行检验，结果应符合相关标准的规定。(   )

4.预制构件采用钢筋套筒灌浆连接时,应在构件生产前进行钢筋套筒灌浆连接接头的抗拉强度试验,每种规格的连接接头试件数量应不少于3个。(　　)

四、简答题

1.影响装配式混凝土结构工程质量的因素有哪些?

2.预制构件制作所用的模具应满足哪些要求?

3.预制构件的质量证明文件应包括哪些内容?

Chapter 7

项目 7　装配式混凝土建筑安全与文明施工

安全生产关系到人民群众的生命财产安全,关系着国家发展和社会稳定。建筑施工安全生产不仅直接关系到建筑企业自身的发展和收益,更是直接关系到人民群众的根本利益,影响构建社会主义和谐社会的大局。装配式混凝土建筑作为建筑行业新的生产方式,必须确保施工安全。这需要建筑行业每一位从业人员的重视和努力。

7.1　安全生产管理体系

在装配式混凝土建筑施工管理中,应始终如一地坚持"安全第一,预防为主,综合治理"的安全生产管理方针,以安全促生产,以安全保目标。

7.1.1　安全生产责任制

工程项目部应建立以项目经理为第一责任人的各级管理人员安全生产责任制。工程项目部应有各工种安全技术操作规程,并应按规定配备专职安全员。工程项目部应制定安全生产资金保障制度,按安全生产资金保障制度编制安全资金使用计划,并按计划实施。

7.1.2　生产(施工)组织设计和专项生产(施工)方案

预制构件生产和施工企业的工程项目部在施工前应编制生产(施工)组织设计,生产(施工)组织设计应针对装配式混凝土建筑工程特点、生产(施工)工艺制订安全技术措施。危险性较大的分部分项工程应按规定编制安全专项施工方案,超过一定规模危险性较大的分部分项工程,施工单位应组织专家对专项施工方案进行论证。

7.1.3　安全技术交底

施工负责人在分派生产任务时,应对相关管理人员、施工作业员进行书面安全技术交底。安全技术交底应实行逐级交底制度。安全技术交底应结合施工作业场所状况、特点、工序,对危险因素、施工方案、规范标准、操作规程和应急措施进行交底。要求内容全面、针对性强,并应考虑施工人员素质等因素。安全技术交底应由交底人、被交底人、专职安全员进行签字确认。

7.1.4　安全检查

工程项目部应建立安全检查制度。安全检查应由项目负责人组织,专职安全员及相关专业人员参加,定期进行并填写检查记录。对检查中发现的事故隐患应下达隐患整改通知单,定人、定时间、定措施进行整改,重大事故隐患整改后,应由相关部门组织复查。

7.1.5　安全教育

工程项目部应建立安全教育培训制度。施工管理人员、专职安全员每年度应进行安全教育培训和考核。当施工人员变换工种或采用新技术、新工艺、新设备、新材料施工时,应进行安全教育培训;对新入场的施工人员,工程项目部应组织进行以国家安全法律法规、企业安全制度、施工现场安全管理规定及各种安全技术操作规程为主要内容的三级安全教育培训和考核。

7.1.6　应急救援

工程项目部应针对工程特点,进行重大危险源的辨识,应制订防触电、防坍塌、防高处坠落、防起重及机械伤害、防火灾、防物体打击等主要内容的专项应急救援预案,并对施工现场已发生重大安全事故的部位、环节进行监控。施工现场应建立应急救援组织,培训、配备应急救援人员,定期组织员工进行应急救援演练。对难以进行现场演练的预案,可按演练程序和内容采取室内桌牌式模拟演练。按应急救援预案要求,应配备应急救援器材和设备。

7.1.7　持证上岗

从事建筑施工的项目经理、专职安全员和特种作业人员,必须经行业主管部门培训考核合格,取得相应资质证,方可上岗作业。

装配式混凝土建筑工程项目特种作业人员包括灌浆工、塔式起重机司机、起重司索指挥工作人员、电工、物料提升机和外用电梯司机、起重机械拆装作业人员等。

7.2　高处作业防护

高处作业是指在坠落高度基准面 2 m 及以上有可能坠落的高处进行的作业。高处坠落是建筑工地施工的重大危险源之一,针对高处作业危险源做好防护工作,对保证工程顺利进行、保护作业人员生命安全非常重要。

7.2.1　防护要求

进入现场的人员均必须正确佩戴安全帽。高空作业人员应佩戴安全带,并要高挂低用,系在安全、可靠的地方。现场作业人员应穿好防滑鞋。高空作业人员所携带各种工具、螺栓等应在专用工具袋中放好,在高空传递物品时,应挂好安全绳,不得随便抛掷,以防伤人。吊装时不得在构件上堆放或悬挂零星对象,零星物品应用专用袋子上、下传递,严禁在高空向下抛掷物料。

在坠落高度基准面 2 m 及以上进行临边作业时,应在临空一侧设置防护栏杆,并应采用密目式安全立网或工具式栏板封闭。分层施工的楼梯口、楼梯平台和梯段边,应安装防护栏杆;外设楼梯口、楼梯平台和梯段边还应采用密目式安全立网封闭。施工升降机、龙门架和井架物料提升机等各类垂直运输设备设施与建筑物间设置的通道平台两侧边,应设置防护栏杆挡脚板,并应用密目式安全立网或工具式栏板封闭。各类垂直运输接料平台口应设置高度不低于1.80 m的楼层防护门,并应设置防外开装置;多笼井架物料提升机通道中间,应分别设置隔离设施。

雨天和雪天进行高处作业时,必须采取可靠的防滑、防寒和防冻措施。对进行高处作业的高耸建筑物,应事先设置避雷装置。遇有6级或6级以上大风、大雨、大雪等恶劣天气时不得进行高处作业;恶劣天气过后应对高处作业安全设施逐一加以检查,发现有松动、变形、损坏或脱落等现象应立即修理完善。

7.2.2 安全设备

1. 安全帽

安全帽是建筑施工现场最重要的安全防护设备之一,可在现场刮碰、物体打击、坠落时有效地保护使用者头部。

为了在发生意外时使安全帽发挥最大的保护作用,现场人员必须正确佩戴安全帽。佩戴前需调节缓冲衬垫的松紧,保证头部与帽顶内侧有足够的撞击缓冲空间。此外,佩戴安全帽必须系紧下颚带,不准将安全帽歪戴于脑后,留长发的作业人员须将长发卷进安全帽内。现场的安全帽应有专人负责,定期检查安全帽质量,不符合要求的安全帽不应作为防护用品使用。

2. 安全带

安全带是高处作业工人预防坠落伤亡事故的个人防护用品,被广大建筑工人誉为救命带。高处作业工人必须正确佩戴安全带。佩戴前应认真检查安全带的质量,有严重磨损、开丝、断绳股或缺少部件的安全带不得使用。佩戴时应将钩、环挂牢,卡子扣紧。安全带应垂直悬挂,不得高挂低用,应将钩挂在牢固物体上,并避开尖刺物、远离明火。高处作业时严禁工人只佩不挂安全带。

3. 建筑工作服

建筑工人进行现场施工作业时应穿着建筑工作服。建筑工作服一般来说具有耐磨、耐穿、吸汗、透气等特点,适合现场作业。特殊工种的工作服还会有防火、耐高温、防辐射等作用。建筑工作服多为蓝色、灰色、橘色等显眼的颜色,可更好地起到安全警示作用。

4. 建筑外防护设施

装配式混凝土建筑虽然由于普及夹芯保温外墙板,免去了外墙外保温、抹灰等大量外立面作业,但仍然存在板缝防水打胶、刷涂料等少量的外立面作业内容。因此,装配式混凝土建筑施工企业应酌情支设建筑外防护设施。目前常用的建筑外防护设施有外挂三角防护架和建筑吊篮等。

1)外挂三角防护架

高层项目的施工需搭设外脚手架,并且做严密的防护。而装配整体式高层建筑由于外立面施工作业内容少,故多采用外挂三角防护架,可安全、实用地满足施工要求。

2)建筑吊篮

建筑吊篮是一种悬空提升载人机具,可为外墙外立面作业提供操作平台。吊篮操作人员必须经过培训,考核合格后取得有效资格证方可上岗操作,使用时必须遵守安全操作要求。吊篮必须由指定人员操作,严禁未经培训人员或未经主管人员同意擅自操作吊篮。作业人员作业时需佩戴安全帽和安全带,穿防滑鞋,不得在酒后、过度疲劳、情绪异常时上岗作业。作业时严禁在悬吊平台内使用梯子、搁板等攀高工具或在悬吊平台外另设吊具进行作业。作业人员必须在地面进出吊篮,不得在空中攀缘窗户进出吊篮,严禁在悬空状态下从一悬吊平台攀入另一悬吊平台。

7.3 临时用电安全

建筑施工用电是专为建筑施工工地提供电力并用于现场施工的用电。由于这种用电是随着建筑工程的施工而进行的,并且随着建筑工程的竣工而结束,所以建筑施工用电属于临时用电。

临时用电设备在 5 台及以上或设备总容量在 50 kW 及以上者,应编制临时用电施工组织设计;临时用电设备在 5 台以下和设备总容量在 50 kW 以下者,应制订安全用电技术措施及电气防火措施。

施工现场临时用电设备和线路的安装、巡检、维修或拆除等工作必须由专业电工完成,并应有人监护。电工必须经过国家现行标准考核,合格后才能持证上岗工作。其他用电人员必须通过相关职业健康安全教育培训和安全交底,考核合格后方可上岗作业。

装配式混凝土建筑施工工地临时用电系统宜采用三相五线、保护接零的 TN-S 系统。工作接地电阻不得大于 4 Ω,重复接地电阻不得大于 10 Ω。施工现场起重机、施工升降机等大型用电设备应按规范要求采取防雷措施,防雷装置的冲击接地电阻值不得大于 30 Ω。

装配式混凝土建筑施工工地临时用电系统应采用三级配电、二级漏电保护系统,必要时可采用三级配电三级漏电保护系统。用电设备实行"一机、一闸、一漏、一箱",进、出线口在箱体下部,严禁门前门后出线。

配电箱、开关箱应装设在干燥、通风及常温场所。配电箱、开关箱安装要端正、牢固。固定式配电箱、开关箱的中心点与地面的垂直距离应为 1.4~1.6 m。移动式分配电箱、开关箱应设在坚固、稳定的支架上。其中心点与地面的垂直距离应为 0.8~1.6 m。配电箱、开关箱周围应有足够两人同时工作的空间和通道,其周围不得堆放任何有碍操作、维修的物品,不得有灌木、杂草。配电箱、开关箱外形结构应能防雨、防尘。

现场各种电线插头、开关均设在开关箱内,停电后必须拉下电闸。各种用电设备必须有良好的接地、接零。对于现场用手持电动工具,应在安全电压下工作,且必须有漏电保护器。操作者必须戴绝缘手套,穿绝缘鞋;不要站在潮湿的地方使用电动工具或设备。

总配电箱应设置在靠近电源区域,分配电箱应设置在用电设备或负荷相对集中的区域,分配电箱与开关箱的距离不得超过 30 m。动力配电箱与照明配电箱宜分别设置,如设置在同一配电箱内,动力和照明线路应分路设置,照明线路接线宜接在动力开关的上侧。

临时用电工程安装完毕后,由基层安全部门组织验收。参加人员有主管临时用电安全的领导和技术人员、施工现场主管、编制临电设计者、电工及安全员。检查内容包括配电线路、各种配电箱、开关箱、电器设备安装、设备调试、接地电阻测试记录等,并做好记录,参加人员须签字确认。

7.4 起重吊装安全

装配式混凝土建筑施工过程中,起重作业一般包括两种:一种是与主体有关的预制混凝土构件和模板、钢筋及临时构件的水平和垂直起重;另一种是设备管线、电线、设备机器及建设材料、板类、楼板材料、砂浆、厨房配件等装修材料的水平和垂直起重。装配式混凝土建筑起重吊装作业的重点和难点是预制混凝土构件的吊装安装作业。

7.4.1 起重吊装设备的选用

装配式混凝土建筑工程应根据施工要求,合理选择并配备起重吊装设备。一般来说,由于装配式混凝土建筑工程起重吊装工作任务多,且构件自重大,吊装难度大,故多采用塔式起重机进行吊装作业。对于低、多层建筑,当条件允许时也可采用汽车起重机。

选择吊装主体结构预制构件的起重机械时,应重点考虑以下因素。

(1)起重量、作业半径、起重力矩应满足最大预制构件组装作业要求。塔式起重机的型号决定了塔式起重机的臂长幅度,布置塔式起重机时,塔臂应覆盖堆场构件,避免出现覆盖盲区,减少预制构件的二次搬运。对含有主楼、裙房的高层建筑,塔臂应全面覆盖主体结构部分和堆场构件存放位置,裙楼力求塔臂全部覆盖。当出现难以解决的楼边覆盖时,可考虑采用临时租用汽车起重机解决裙房边角垂直运输问题,不宜盲目加大塔机型号,应认真进行技术经济比较分析后确定方案。

在塔式起重机的选型中应结合塔式起重机的尺寸及起重量的特点,重点考虑工程施工过程中最重的预制构件对塔式起重机吊运能力的要求。应根据其存放的位置、吊运的部位、与塔中心的距离,确定该塔式起重机是否具备相应的起重能力。确定塔式起重机方案时应留有余地,一般实际起重力矩在额定起重力矩的75%以下。

(2)塔式起重机应具有安装和拆卸空间,轮式或履带式起重设备应具有移动式作业空间和拆卸空间,起重机械的提升或下降速度应满足预制构件的安装和调整要求。塔式起重机应结合施工现场环境合理定位。当群塔施工时,两台塔式起重机的水平吊臂间的安全距离应大于2 m,一台塔式起重机的水平吊臂和另一台塔式起重机的塔身的安全距离也应大于2 m。

(3)选择起重吊装设备还要考虑主体工程施工进度及起重机的租赁费用、组装与拆卸费用等因素。

7.4.2 起重吊具的选择

施工作业使用的专用吊具、吊索、定型工具式支撑、支架等,应进行安全验算,使用中进行定期、不定期检查,确保其安全状态良好。

起重吊具应按现行国家相关标准的有关规定进行设计验算或试验检验,经验证合格后方可使用。应根据预制构件的形状、尺寸及重量要求选择适宜的吊具,在吊装过程中,吊索水平光角不宜小于60°,不应小于45°。尺寸较大或形状复杂的预制构件应选择设置横吊梁或横吊桁架的吊具,并应保证吊车主钩的位置、吊具及构件重心在竖直方向重合。

吊具、吊索的使用应符合施工安装的安全规定。预制构件起吊时的吊点合力应与构件重心重合。宜采用标准吊具均衡起吊就位。吊具可采用预埋吊环或埋置式接驳器的形式。专用内埋式螺母或内埋吊杆及配套的吊具，应根据相应的产品标准和应用技术规定选用。

预制混凝土构件吊点应提前设计好，根据预留吊点选择相应的吊具。在起吊构件时，为了使构件稳定，不出现摇摆、倾斜、转动、翻倒等现象，应选择合适的吊具。无论采用几点吊装，始终要使吊钩和吊具的连接点的垂线通过被吊构件的重心，它直接关系到吊装结果和操作的安全性。

吊具的选择必须保证被吊构件不变形、不损坏，起吊后不转动、不倾斜、不翻倒。吊具的选择应根据被吊构件的结构、形状、体积、重量、预留吊点以及吊装的要求，结合现场作业条件，确定合适的吊具。吊具选择必须保证吊索受力均匀。

各承载吊索间的夹角一般不应大于60°。其合力作用点必须保证与被吊构件的重心在同一条铅垂线上，保证吊运过程中吊钩与被吊构件的重心在同一条铅垂线上。在说明中提供吊装图的构件，应按吊装图进行吊装。在异形构件装配时，可采用辅助吊点配合简易吊具调节物体所需位置的吊装法。

当构件无设计吊钩（点）时，应通过计算确定绑扎点的位置。绑扎的方法应保证起吊过程安全可靠和摘钩简便。

7.4.3 起重吊装安全管理

塔式起重机司机应定期进行身体检查，凡有不适合登高作业者，不得担任司机；应该配有足够的司机，以适应"三班制"施工的需要；严禁司机带病上岗和酒后工作；非司机人员不能擅自进入驾驶室。

塔式起重机日常管理应贯彻"人机固定"原则，实行定机、定人、定岗位责任的"三定"制度。操作人员必须认真执行各项规章制度，严格遵守操作规程，防止出现安全质量事故。

新制或大修出厂及塔式起重机拆卸重新组装后，均应进行检验，吊高限位器、力矩限位器必须灵活、可靠，吊钩、钢丝绳保险装置应完整、有效；零部件齐全，润滑系统正常；电缆、电线无破损或外裸，不脱钩、无松绳现象。经有关部门验收合格后，塔式起重机方可正式投入使用。经验收合格的塔式起重机应设立安全验收标牌。

吊装时吊机应有专人指挥，指挥人员应位于吊机司机视力所及地点，应能清楚地看到吊装的全过程，起重工指挥手势要准确无误，哨音要明亮，吊机司机要精力集中，服从指挥，不得擅自离开工作岗位。

起重机的工作环境温度为−20～+40 ℃，风速不应大于5级。如遇5级以上大风、暴雨、浓雾、雷暴等恶劣天气，不得进行起吊作业。夜间作业应有充足的照明。起重设备不允许在斜坡道上工作，不允许起重机两边高低相差太多。

构件绑扎必须牢固。对于体积庞大或形状复杂的构件，应设溜绳固定。构件应采用垂直吊运，严禁采用斜拉、斜吊，杜绝与其他物体的碰撞或钢丝绳被拉断的事故。起吊构件时，速度不能太快。起吊离地3m左右后应暂停起升，待检查安全稳妥后继续起吊。一次宜进行一个动作，待前一动作结束后，再进行下一动作。吊运过程应平稳，不应有大幅摆动，不应突然制动。在吊装回转、俯仰吊臂、起落吊钩等动作前，应鸣声示意。回转未停稳前，不得做反向操作。起重机停止作业时，应刹住回转及行走机构。吊装过程中吊起的构件不得长时间悬在空中，应采取措施将重物降落到安全位置；构件就位或固定前，不得解开吊装索具，以防构件坠落伤人。构件吊装就位后，应经初校和临时固定或连接可靠后方可以卸钩，待稳定后方可拆除固定工具和其他稳定装置。

吊装工作区应有明显标志,并设专人警戒,非吊装现场作业人员严禁入内。起重机工作时,起重臂下严禁站人。吊运预制构件时,构件下方严禁站人,应待预制构件降落至距地面1 m以内方准作业人员靠近。同时,避免人员在吊车起重臂回转半径内停留。吊装时,高空作业人员应站在操作平台、吊篮、梯子上作业,严禁在未加固的构件上行走;人的手脚须远离移动重物及起吊设备,吊物和吊具下不可站人。

7.5 现场防火

7.5.1 管理制度

施工现场的防火工作,必须认真贯彻"预防为主,防消结合"的方针,立足于自防自救。施工企业应建立健全岗位防火责任制,实行"谁主管谁负责"原则,并落实层级消防责任制,落实各级防火负责人,各负其责。施工现场必须成立防火领导小组,由防火负责人任组长,定期开展防火安全工作。单位应对职工进行经常性的防火宣传教育,普及消防知识,增强消防观念。

7.5.2 现场作业防火要求

施工现场应严格执行动火审批程序和制度。动火操作前必须提出申请,经单位领导同意及消防或安全技术部门检查批准后,领取动火证,再进行动火作业。变更动火地点和超过动火证有效时限的动火作业需重新申请动火证。

现场进行电焊、气焊、气割等作业时,操作人员必须具备相应的操作资格和能力。操作前应对现场易燃可燃物进行清除并应注意用电安全和氧气瓶、乙炔瓶与明火点间的距离应符合要求。作业时应留有看火人员监视现场安全。

应根据构件材料的耐火性能特点合理选择施工工艺。例如,夹芯保温外墙板的保温层材料普遍防火性能较差,故夹芯保温外墙板后浇混凝土连接节点区域的钢筋不得采用焊接连接,以免钢筋焊接作业时产生的火花引燃或损坏夹芯保温外墙板中的保温层。

7.5.3 材料存储防火要求

施工现在应有专用的物品存放仓库,不得将在建工程当作仓库使用。严禁在库房内兼设办公室、休息室或更衣室、值班室以及进行各种加工作业等。

仓库内的物品应分类堆放,并保证不同性质物品间的安全距离。库房内严禁吸烟和使用明火。应根据物品的耐火性质确定库房内照明器具的功率,一般不宜超过60 W。仓库应保持通风良好,地面清洁,管理员应对仓库进行定期和不定期的巡查,并做到人走则断电锁门。

7.5.4 防火规划与设施

现场必须设置临时消防车道,其宽度不得小于3.5 m,并保持临时消防车道的畅通。消防车道应环状闭合或在尽头有满足要求的回车场。消防车道的地面必须做硬化处理,保证能够满足消防车通行的要求。

施工现场应按要求设置消防器材,包含灭火器、灭火沙箱等。器材和设施的规格、数量和布局应满足要求。

7.6 文明施工 ······

　　文明施工是指保持施工场地整洁卫生,施工组织科学,施工程序合理的一种施工活动。装配式混凝土建筑施工工地应达到文明施工的要求。施工单位文明施工是安全生产的重要组成部分,是社会发展对建筑行业提出的新要求。作为装配式混凝土建筑的施工工地,应该扎实地贯彻文明施工的要求。

7.6.1　现场围挡
　　施工现场应设置围挡,围挡的设置必须沿工地四周连续进行,不能有缺口。市区主要路段的工地应设置高度不低于 2.5m 的封闭围挡;一般路段的工地应设置高度不低于 1.8m 的封闭围挡。围挡要坚固稳定、整洁、美观。

7.6.2　封闭管理
　　施工现场进出口应设置大门,并应设置门卫值班室。值班室应配备门卫值守人员,建立门卫值守制度。施工人员进入施工现场应佩戴工作卡,非施工人员需验明证件并登记后方可进入。施工现场出入口应标有企业名称或标识,大门处应设置公示标牌"五牌一图",标牌应规范整齐,施工现场应有安全标语、宣传栏、读报栏、黑板报。

7.6.3　施工场地
　　施工现场道路应畅通,路面应平整坚实,主要道路及材料加工区地面应进行硬化处理。施工现场应有防止扬尘措施和排水设施。施工现场应加强对废水、污水的管理,现场应设置污水池和排水沟。废水、废弃涂料、胶料应统一处理,严禁未经处理直接排入下水管道。施工现场应设置专门的吸烟处,严禁随意吸烟;建议在施工场地内做绿化布置。

7.6.4　材料堆放
　　建筑材料、构件、料具要按总平面布置图的布局,分门别类,堆放整齐,并挂牌标名。"工完料净场地清",建筑垃圾也要分出类别,堆放整齐,挂牌标出名称。易燃易爆物品分类存放,专人保管。

7.6.5　现场办公与住宿
　　施工作业、材料存放区与办公、生活区应划分清晰,并应采取相应的隔离措施。在建工程内、伙房、库房不得兼作宿舍;宿舍应设置可开启式窗户,床铺不得超过 2 层,通道宽度不应小于 0.9 m;住宿人员人均面积不应小于 2.5 m²,且不得超过 16 人;冬季宿舍应有采暖和防一氧化碳中毒措施。

7.6.6 治安综合治理

生活区内要为工人设置学习娱乐场所。要建立健全治安保卫制度和治安防范措施,并将责任分解到人,杜绝发生失盗事件。

7.6.7 生活设施

施工现场要建立卫生责任制,食堂要干净卫生,炊事人员要有健康证。要保证供应卫生饮水,为职工设置淋浴室、符合卫生标准的厕所,生活垃圾装入容器,及时清理,设专人负责。

7.6.8 保健急救

施工现场要有经过培训的急救人员,要有急救器材和药品,制订有效的急救措施,开展卫生宣传教育活动。

7.6.9 社区服务

夜间施工时,应防止光污染对周边居民的影响。现场施工产生的废弃物等应进行分类回收。施工中产生的胶黏剂、稀释剂等易燃易爆废弃物应及时收集至指定储存器内并按规定回收,严禁丢弃未经处理的废弃物。施工现场应采用控制噪声的措施。

课后练习

简答题

1. 装配式混凝土建筑安全生产管理体系有哪些内涵?
2. 装配式混凝土建筑施工现场有哪些防火要求?
3. 装配式混凝土项目文明施工的具体要求有哪些?

参 考 文 献

[1]　中国建筑标准设计研究院,中国建筑科学研究院.JGJ 1—2014 装配式混凝土结构技术规程[S].北京:中国
　　　建筑工业出版社,2014.
[2]　夏锋,张弘.装配式混凝土建筑生产工艺与施工技术[M].2 版.上海:上海交通大学出版社,2018.
[3]　刘晓晨,等.装配式混凝土建筑概论[M].重庆:重庆大学出版社,2019.
[4]　肖明和,张蓓.装配式建筑施工技术[M].北京:中国建筑工业出版社,2018.
[5]　陈锡宝,杜国城.装配式混凝土建筑概论[M].上海:上海交通大学出版社,2017.
[6]　王鑫,等.装配式混凝土建筑施工[M].重庆:重庆大学出版社,2020.
[7]　张波.装配式混凝土结构工程[M].北京:北京理工大学出版社,2016.